血培养仪质量控制指南

主　编　阎少多　潘纪春　隋志伟
副主编　周选超　梁声强　龙丽娜
参　编（按姓氏笔画排序）

万　宇	山　涛	王　钰	王　凌	王　博	王　蒙	王　静	王　蕾	王改先
王佳凝	王梓权	韦凤省	韦文飞	孔潘潘	石曙光	卢龙坤	田丽红	史　俊
史　静	付秋霞	冯　锦	曲　直	朱　泾	朱育红	任　聃	全首祯	刘　欢
刘　明	刘　洁	刘红彦	刘思含	刘思渊	关　勇	许广辉	许照乾	孙振威
苏　贤	李　红	李　浩	李　娟	李　蕾	李东东	李海鸣	肖斌龙	邱　成
何　玮	何仁玮	宋亚琳	张三明	张传明	张阵阵	张轩溥	张秋莹	张洪斌
陆馗枢	陈鸿飞	林华青	周　兴	周　彤	周成义	郑凤玲	赵　超	赵春生
胡丝绦	侯静怡	姚惠杰	徐含青	栾笑笑	高春艳	高思佳	黄楷平	黄震威
崔宏恩	章　俊	梁　芸	梁　硕	梁丽芳	彭克楠	葛　君	董西慧	董志宏
焦小杰	谢敬田	詹子鑫	蔡明池	蔡黎虹	管圣通	潘孙强	霍丽静	

主　审　曹永彤　张相山

机械工业出版社

本书系统地介绍了血培养仪质量控制的相关技术。其主要内容包括血培养技术与血培养仪、血培养仪的使用与管理、血培养仪的校准及性能验证与期间核查、血培养仪的操作与异常情况分析。本书将血培养技术和血培养仪的构成、应用分析、使用、应急管理、质量控制、生物安全防护、维护保养与维修、校准确认、性能验证、期间核查等内容进行了有机融合，并对血培养仪的操作和使用中出现的异常情况进行了讲解，便于读者学习掌握。本书内容全面，图文并茂，针对性、指导性和可操作性强，具有较高的实用价值。

本书可供医疗卫生、计量检测机构的管理人员和操作人员使用，也可供相关领域的科研人员和相关专业的在校师生参考。

图书在版编目（CIP）数据

血培养仪质量控制指南／阎少多，潘纪春，隋志伟主编．--北京：机械工业出版社，2025.7（2025.8重印）. ISBN 978-7-111-78569-9

Ⅰ．TH789-62

中国国家版本馆 CIP 数据核字第 2025TU4391 号

机械工业出版社（北京市百万庄大街22号　邮政编码100037）
策划编辑：陈保华　　　　　责任编辑：陈保华　田　畅
责任校对：曹若菲　张　薇　　封面设计：马精明
责任印制：刘　媛
北京富资园科技发展有限公司印刷
2025年8月第1版第2次印刷
184mm×260mm・9.5 印张・203 千字
标准书号：ISBN 978-7-111-78569-9
定价：49.00元

电话服务　　　　　　　　　网络服务
客服电话：010-88361066　　机　工　官　网：www.cmpbook.com
　　　　　010-88379833　　机　工　官　博：weibo.com/cmp1952
　　　　　010-68326294　　金　书　网：www.golden-book.com
封底无防伪标均为盗版　　　机工教育服务网：www.cmpedu.com

《血培养仪质量控制指南》编委会

主　　任　阎少多　中国人民解放军军事科学院军事医学研究院
　　　　　　潘纪春　中国人民解放军总医院第三医学中心
　　　　　　隋志伟　中国计量科学研究院
副 主 任　周选超　贵州省计量测试院
　　　　　　梁声强　中国人民解放军联勤保障部队第九〇九医院
　　　　　　龙丽娜　贺州市人民医院
编　　委（按姓氏笔画排序）
　　　　　　万　宇　成都市计量检定测试院
　　　　　　山　涛　陕西省计量科学研究院
　　　　　　王　钰　中国人民解放军总医院第一医学中心
　　　　　　王　凌　洛阳市质量计量检测中心
　　　　　　王　博　中国人民解放军军事科学院军事医学研究院
　　　　　　王　蒙　中国计量科学研究院
　　　　　　王　静　南充市计量测试研究所
　　　　　　王　蕾　中国人民解放军军事科学院军事医学研究院
　　　　　　王改先　北京市红十字会急诊抢救中心
　　　　　　王佳凝　抚顺市计量测试技术研究所
　　　　　　王梓权　中国计量科学研究院
　　　　　　韦凤省　广西壮族自治区河池市第三人民医院
　　　　　　韦文飞　广西壮族自治区柳州市人民医院
　　　　　　孔潘潘　博州计量检测所
　　　　　　石曙光　湖北省计量测试技术研究院
　　　　　　卢龙坤　中国人民解放军联勤保障部队第九〇九医院
　　　　　　田丽红　碧迪医疗器械（上海）有限公司
　　　　　　史　俊　杭州神州洁净空气检测有限公司
　　　　　　史　静　重庆医科大学
　　　　　　付秋霞　中国人民解放军军事科学院军事医学研究院
　　　　　　冯　锦　中国测试技术研究院
　　　　　　曲　直　北京大学人民医院
　　　　　　朱　泾　湖北省计量测试技术研究院
　　　　　　朱育红　中国测试技术研究院
　　　　　　任　聘　中国人民解放军总医院第一医学中心

全首祯	中国人民解放军空军特色医学中心
刘　欢	舟山市质量技术监督检测研究院
刘　明	衢州市计量质量检验研究院
刘　洁	北京市朝阳区疾病预防控制中心
刘红彦	河北省计量监督检测研究院
刘思含	北京市丰台区妇幼保健院
刘思渊	中国计量科学研究院
关　勇	北京宏城创新科技有限公司
许广辉	宿迁市计量测试所
许照乾	广州广电计量检测集团股份有限公司
孙振威	中国人民解放军联勤保障部队第九八八医院
苏　贤	中国人民解放军军事科学院军事医学研究院
李　红	山西医科大学
李　浩	中国计量科学研究院
李　娟	甘肃省庆阳市人民医院
李　蕾	贺州市人民医院
李东东	中国人民解放军军事科学院军事医学研究院
李海鸣	青岛科技大学
肖斌龙	中国人民解放军联勤保障部队第九〇九医院
邱　成	广西壮族自治区计量检测研究院
何　玮	广西壮族自治区桂东人民医院
何仁玮	成都市计量检定测试院
宋亚琳	大同市综合检验检测中心
张三明	中国人民解放军联勤保障部队第九〇六医院
张传明	重庆医科大学附属第一医院
张阵阵	中国人民解放军海军特色医学中心特战医学研究室
张轩溥	成都市计量检定测试院
张秋莹	湖北省随州市中心医院
张洪斌	中国人民解放军联勤保障部队第九〇九医院
陆馗枢	遵义市产品质量检验检测院
陈鸿飞	南京市计量监督检测院
林华青	珠海迪尔生物工程股份有限公司
周　兴	云南省计量测试技术研究院
周　彤	黑龙江省计量检定测试院
周成义	滨州市检验检测中心
郑凤玲	昌吉回族自治州州检验检测中心

《血培养仪质量控制指南》编委会

	赵　超	青岛巴布科技服务有限公司
	赵春生	吉林省计量科学研究院
	胡丝绦	贵州医科大学附属肿瘤医院
	侯静怡	抚顺市计量测试技术研究所
	姚惠杰	长兴县质量技术监督检测中心
	徐含青	苏州市计量测试院
	栾笑笑	北京大学第三医院
	高春艳	山西白求恩医院
	高思佳	湖州市检验检测中心
	桂绍普	华测计量检测有限公司
	黄楷平	北京林电伟业电子技术有限公司
	黄震威	中国计量大学
	崔宏恩	江苏省计量科学研究院
	章　俊	中国人民解放军西部战区总医院
	梁　芸	石家庄市人民医院
	梁　硕	中国人民解放军军事科学院军事医学研究院
	梁丽芳	河南省开封市人民医院
	彭克楠	河北省人民医院
	葛　君	阳泉市综合检验检测中心
	董西慧	中国人民大学医院
	董志宏	云南大学附属医院
	焦小杰	中国人民解放军总医院
	谢敬田	烟台市标准计量检验检测中心
	詹子鑫	中国人民解放军联勤保障部队第九〇九医院
	蔡明池	中国人民解放军联勤保障部队第九〇九医院
	蔡黎虹	中检西南计量有限公司
	管圣通	杭州神州洁净空气检测有限公司
	潘孙强	浙江省计量科学研究院
	霍丽静	河北省人民医院
主　审	曹永彤	中日友好医院
	张相山	贵州省计量测试院

本书合作企业

珠海迪尔生物工程股份有限公司

碧迪医疗器械（上海）有限公司

开展细菌血症和真菌血症的实验室检测,一直是临床微生物实验室的重要工作之一,其原因是这两种菌血症导致的死亡率高达12%,快速、准确、可靠的细菌血症或真菌血症诊断对临床治疗起关键作用。血培养方法从首次提出至今已经历了一个多世纪,尽管受多种因素的影响(血培养体积与数量、血液的稀释、抗凝剂、摇动、培养基和添加剂等),其仍然是诊断细菌血症和真菌血症不完美的金标准,通常仅有8%~12%可分离出微生物。目前,在国内血培养仪已广泛应用于临床微生物实验室。本书系统地介绍了血培养仪的工作原理、量值溯源、性能验证等基础知识,以及仪器组成、分类、日常操作和质量管理等实操经验,内容实用,可满足临床微生物实验室人员的需求。

本书较为全面地概述了血培养技术原理、血培养仪的组成和应用,以及发展的历史和未来展望;重点阐述了血培养仪的使用与管理、校准溯源等质量管理体系相关的内容;特别对血培养仪日常操作和注意事项、校准结果影响因素等实际工作中常遇到的问题进行了详细介绍。本书图文并茂,针对性强,有较强的科学性和指导性;易读性强,使读者一目了然,具有很高的操作借鉴性和参考价值。

本书的编写工作是由多专业、多部门的相关技术专家共同参与完成的。本书汇集了丰富的管理经验、专业知识和技术操作方法,可为医疗卫生、计量检测机构的管理人员和操作人员提供帮助,具有较高的实用价值。本书对促进行业内学术交流,提高行业整体水平,有较大的推动作用。

中日友好医院临床医学检验科主任

曹永彤

随着现代生物医药技术的迅猛发展，血培养系统在临床血液及其他无菌体液病原菌培养与检测中的重要作用日益凸显，已被广泛应用于医疗机构、科研院所、疾控机构和生物医药企业等。同时，相关应用方对血培养系统的性能技术要求也日趋严苛。经过业界的长期实践，血培养系统在操作规范与管理标准等方面已基本形成成熟体系，但在质量控制等领域仍然存在着一定程度的不足，亟待进一步规范完善。

为了满足相关行业需求，本书紧跟临床检验实践和生物医药企业的创新步伐，对血培养技术基本原理、血培养仪的主要构成、应急管理、质量控制、校准确认、性能验证等诸多方面进行了系统的介绍，同时，还详细介绍了血培养系统的操作流程及使用过程中可能遇到的各类异常情况。本书可供医疗卫生、计量检测机构的管理人员和操作人员使用，也可供相关领域的科研人员和相关专业的在校师生参考。

本书的编者阵容强大，汇聚了来自医疗机构、计量机构、科研院所及第三方检测机构等单位的专家学者和一线技术人员。在本书编写过程中，还得到了中国医学装备协会医学装备计量测试专业委员会的精心指导，以及国内外相关企业的积极配合与大力协助。在此，向为本书付出辛勤努力的同仁及相关单位表示衷心感谢！

鉴于本书中涉及的跨学科知识多，受编者自身专业和知识面的局限，难免存在疏漏之处，恳请广大读者提出宝贵意见，并衷心感谢同行的不吝指正！

中国人民解放军军事科学院军事医学研究院
卫生勤务与血液研究所副研究员

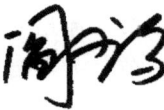

目录 Contents

序
前言

第一章 血培养技术与血培养仪 ………… 1
　第一节　血培养技术简介 ………… 1
　第二节　血培养仪基本组成 ………… 15
　第三节　血培养仪的应用分析 ………… 36
　第四节　血培养仪的历史、现状及发展趋势 ………… 40

第二章 血培养仪的使用与管理 ………… 52
　第一节　血培养仪的使用 ………… 52
　第二节　血培养仪的应急管理 ………… 58
　第三节　血培养仪的室内质量控制 ………… 63
　第四节　血培养仪的生物安全防护 ………… 67
　第五节　血培养仪的档案管理 ………… 71
　第六节　人员要求、资质认证与岗位培训 ………… 78
　第七节　血培养仪的维护保养与维修 ………… 81

第三章 血培养仪的校准及性能验证与期间核查 ………… 85
　第一节　计量的概念、检定和校准 ………… 85
　第二节　血培养仪的校准、影响因素分析及示例 ………… 89
　第三节　校准证书确认及示例 ………… 97
　第四节　血培养仪的性能验证及示例 ………… 103
　第五节　血培养仪的期间核查及示例 ………… 109

第四章 血培养仪的操作与异常情况分析 ………… 120
　第一节　血培养仪的操作 ………… 120
　第二节　血培养仪的异常情况分析 ………… 136

参考文献 ………… 140

第一章 Chapter 1

血培养技术与血培养仪

第一节 血培养技术简介

血培养是广泛应用于细菌血症和真菌血症检测的实验室方法，是临床用于诊断血流感染和菌血症的金标准。该技术在20世纪初首次提出，在20世纪30年代已有大量研究涌现。到20世纪60年代，血培养已广泛应用，但方法差别很大。在20世纪70年代，John Washington和其他研究人员开展了一系列试验和临床对照研究，以明确细菌血症和真菌血症检测的关键因素，确立血培养的最佳方法，建立科学证据，这一切为后续血培养系统的发展和应用奠定了广泛基础。血培养检测系统是根据微生物繁殖和代谢过程中产生的多种代谢产物，通过检测特征性代谢产物的生成来确认微生物的存在这一原理建立起来的。血培养检测病原菌是微生物实验室诊断菌血症、败血症、真菌血症传统而重要的方法。因此，及时、快速、准确的血培养结果对临床治疗败血症起着极其关键的作用。

血培养方法从发明至今，经历了从人工肉眼观察到仪器自动化检测，从直接判断结果到连续监测数据并使用算法判断结果，从手工登记到多点多台仪器互联互通的发展历程。血培养常用技术包括传统手工血培养技术、半自动和全自动血培养技术。

一、传统手工方法血培养技术

传统手工血培养技术主要包括传统肉汤血培养法、压力计血培养法、双相血培养法、溶解-离心血培养法和微孔滤膜血培养法。

（一）传统肉汤血培养法

传统肉汤血培养技术包括需氧和厌氧培养。该技术从1915年就已经发展并运用于临床实验室，最初的血培养系统是由一个部分抽真空的装有肉汤培养基的密闭瓶组成。需氧培养是把已种有血标本的培养瓶用针头通气，以此来提高瓶内氧气浓度。未经通气的瓶内依然是相对厌氧环境。需氧菌培养瓶的主要营养物为脑心浸出液、胰酶大豆浸液等，厌氧菌培养瓶常用的培养基是巯基乙酸盐胆汁肉汤，含有消化酪蛋白、葡萄糖、酵母提取物、胱氨酸、硫代乙酸钠和胆汁。特殊培养基还添加有添加剂（如氯高铁血红素、维生素 K、L-半胱氨酸等）以支持需特殊营养的细菌生长。

血液标本接种至增菌肉汤中后，培养瓶放 35℃ 环境孵育，在光线充足的条件下，每日观察肉汤中有无细菌生长，主要观察项目有：菌膜、凝块、溶血、浑浊、产气、血液颜色或沉淀物等。有细菌生长征象时取肉汤涂片、镜检并转种平板，无生长征象则继续孵育。

（二）压力计血培养法

压力计血培养法即 Oxoid Signal 血培养系统，由传统肉汤培养瓶和感应器两个部分组成。血培养瓶外接一个长针的塑料透明贮液器构成感应器。血液加入血培养瓶后，感应器的针头通过瓶塞插入肉汤当中。

当瓶内有微生物生长时，产生的气体使瓶内的气压发生改变，气压作用使肉汤培养液通过针头进入到贮液器中。如果贮液器中出现培养液，则指示肉汤中有微生物生长。该方法具有检测速度快的特点，但其最大的不足是没有厌氧瓶。另外，只有大部分肠杆菌科细菌或者传代速度快且代谢产气多的细菌，应用压力计培养法能提高检出率，对于其他非发酵菌或者产气少的阳性菌等，和应用传统肉汤培养法相比较，压力计法无明显优势。

（三）双相血培养法

双相血培养法通常是由固体培养基与液体培养基相结合组成的一种培养方法，即在液体培养基的瓶壁上半层附有一透明琼脂固体面，血液标本采集后将培养瓶颠倒混匀使液体覆盖整个琼脂固体面，然后置于 35℃ 孵育，定期进行观察。细菌生长的证据包括在琼脂固体面上观察到菌落，液体培养基中有凝块、溶血、浑浊、血液颜色改变、菌膜产生或沉淀物产生，培养瓶外观有膨胀现象等，可直接使用菌落或培养液做镜检、鉴定和药敏试验。如果琼脂固体面上无菌生长或液体不浑浊，则继续 35℃ 孵育，每 24h 颠倒混匀一次，至少培养 5 天，并在 72h 至终点期间盲传一次无细菌生长，方可报告阴性。

双相血培养瓶中的营养成分等设计创造了血流感染中主要需氧微生物（细菌和真菌）和某些苛养菌的最适生长条件。双相血培养系统最初用于培养布鲁菌属细菌，后来常用于细菌和真菌培养。这种手工血培养系统曾因其独特的可快速获得单个菌落的优势而受到广泛的欢迎。这种双相系统的代表性商品主要有美国 Becton-Dickinson（BD）公司的产品、法国生物梅里埃公司的产品等。双相手工血培养瓶中由大面积半透明的琼脂表面和 40mL 肉汤组成，基质为特定的蛋白胨、酵母浸膏、半合成多糖和多种生长因子（如 X 因子和 V 因子），另外还加入了维生素 B6、氯化血红素、嘌呤、嘧啶、聚茴香酸钠等。添加的 0.025%（质量分数）聚茴香磺酸钠除了有抗凝作用外，不但能抑制血液中的杀菌物质，还能灭活血液中的氨基糖苷类和多肽类抗生素，创造更利于细菌生长的环境。

因为该方法可直接从瓶内的琼脂面上挑取菌落做涂片染色、生化试验和药敏试验，所以既节省时间，又提高了阳性标本的检出率。此外，该方法易于观察菌落，肉眼无法识别的普通琼脂平板上菌落在该培养基上可通过颜色反应（紫红色）来识别。双相血培养系统对于标本量少的基层医院实验室比较适用，但对于标本量较大的微生物实验室而言，成本相对较高，操作的步骤也比较烦琐。

（四）溶解-离心血培养法

溶解-离心血培养法是一种不同于传统肉汤基础的血培养系统。1978年，Dron和Burson发明了单一试管血培养方法，将采集的血样标本放入含溶血剂或高渗溶液（如蔗糖-明胶）的特殊离心管中，破坏红细胞和白细胞并释放出细菌，取管底沉淀物接种于多种培养基，置35℃温箱培养。该方法使用的溶血离心管中添加有抗凝剂聚茴香磺酸钠、溶解剂（如皂苷）和蔗糖、明胶等。

溶解-离心血培养法的操作步骤如下：

1）溶血离心管（简称L-C管）准备：采用刻度为10mL的试管，内含溶血剂和抗凝剂共0.8mL，高压灭菌后，置室温备用。

2）将待检血液6mL～10mL注入L-C管，颠倒充分混匀10次以上，直至红细胞完全溶解后，液体呈透明状。

3）将L-C管以4000r/min的转速离心15min～20min。

4）将离心后L-C管内的上清弃去，取管底沉渣划线接种到血琼脂、脑心浸液琼脂等多种培养基，同时涂片染色镜检。

5）将血平板和肉汤瓶置35℃培养，如需厌氧培养则需接种两块血平板，并将其中一块置于厌氧环境下培养。最初的两天每天观察两次，第三天起每天观察一次。如果血平板上发现菌落，应及时鉴定；如果观察4天～6天仍无菌生长，则可报为阴性；如果平板无菌生长，但是肉汤培养瓶出现浑浊或变色，则再重新移种血平板培养。

该法的优点是无须经过增菌步骤，从而省去了许多培养时间，并较易消除残留抗菌药物、抗体及吞噬细胞等抑菌因子，从而提高了细菌的检出率。该法能对生长的细菌进行计数，并对病情的判断、疗效及预后的观察都有一定的应用价值。此外，溶血离心法是在平板培养基上培养，可根据需要将平板置于不同浓度的CO_2环境、厌氧环境或兼性厌氧等特殊环境中，具备应用灵活的特点。该法同样适用于结核杆菌、军团菌等生长慢且难培养的菌，与双相血培养法相比，丝状真菌和酵母菌的检出率更高，菌落生长时间更短，所以特别适用于真菌菌血症和分枝杆菌菌血症的病原菌培养。使用溶解-离心血培养法还能分离出嗜脂性的马拉色菌属和双相真菌（如马尔尼菲篮状菌），对这些真菌的检出率甚至优于全自动连续监测的血培养系统。

现有商品供应的溶解-离心血培养系统特别适用于培养致病酵母菌、双相真菌及苛养菌（如布鲁菌）等，对多数细菌生长无明显抑制作用，试剂稳定，价格低廉，适用于常规培养。但该系统最大的缺点依然是人为操作过于烦琐，污染率较高，对某些菌，如肺炎链球菌、产单核细胞李斯特菌、流感嗜血杆菌和厌氧菌等检出率低。

（五）微孔滤膜血培养法

微孔滤膜是一种多孔性扁平状薄膜，由纤维素酯或高分子聚合物制成，其孔径均匀，阻力小通量大，能高效截留微生物，同时其亲水性强，易于吸收营养，有利于菌落生长。根据以上特点，故将其应用于临床细菌的快速培养。20世纪70年代，Sandra Romero将革兰染色与浓缩集菌法结合起来建立了微孔滤膜快速培养的方法。其检测原理是利用真空泵制造的气压差，使经过溶血处理后的血液快速通过微孔滤膜，凡大于滤孔的细菌被阻留在膜上，培养基的营养成分通过微孔到膜上，细菌便可在膜上繁殖形成菌落。主要的操作步骤如下：

1）选择合适直径和孔径的微孔滤膜，一般滤除细菌应选用孔径为 $0.2\mu m \sim 0.45\mu m$ 的滤膜。使用前将滤膜放于盛有生理盐水的容器中，经灭菌后备用。

2）将过滤器高压灭菌，将无菌微孔滤膜夹于过滤器中，并将过滤器连接于抽吸装置上。

3）将已溶血后的血液加入过滤器中，盖上无菌玻璃皿，启动抽吸装置。滤完一次后再加50mL肉膏汤后再次进行抽吸过滤，洗去残留的溶血剂和血液中的抑菌物质。

4）用镊子取出微孔滤膜，底面朝下平铺于血琼脂平板，将滤膜与血琼脂间的气泡排净，置于37℃环境培养。18h~24h后，观察血琼脂平板的滤膜上是否有菌落出现，如未长菌，放置至48h后再观察。

上述几种手工法一般要求细菌培养7天，真菌培养14天，分枝杆菌培养8周。未生长的培养瓶在培养的72h至第7日间应进行转种培养1次，以确保结果的准确性。基于流行病学和临床表现考虑的特殊病原体，如荚膜组织胞浆菌和巴尔通体等，建议延长培养时间。一些特定疾病（如亚急性细菌性心内膜炎），应将培养时间延长至3周以上，对该血培养瓶进行转种培养的平板仍无细菌生长，则报告阴性。

对大多数特别是标本量大的实验室而言，手工血培养方法操作烦琐、费时、费力，阳性率低，并且最后的盲转将增加试验人员接触病人血液的危险性。另外，手工培养法检测敏感性较低，受主观因素影响较大。

手工培养系统虽有以上提及的各种不足，但在目前全自动血培养系统在世界范围内广泛应用时，并未能将传统手工血培养系统完全挤出市场。因为它们非常简单，不需要复杂的仪器，成本低廉。对于血培养标本量小的实验室，这种系统无疑是适合的选择。在20世纪70年代后，研究人员将血培养技术的发展重点放在继续优化培养基和培养条件，以及如何快速检测到细菌生长上。临床微生物工作者也在不断探索更为有效的、敏感的血培养方法。

二、半自动方法血培养技术

伴随着抗生素的大量应用，细菌的耐药率逐年升高，不断出现多重耐药菌株，为临床诊疗带来极大的挑战。过去血培养一直用传统的手工法进行检测，需每天观察培养瓶的变化并进行盲转，手工培养的方法不但周期长，而且在观察混匀过程中容易导致样本污染，同时手工培养阳性率低，难以满足临床的需求。随着计算机技术的不断发展，血培养技术由手工法发展到半自动仪器检测，不仅提高了细菌的检出率，同时也缩短了检测的时间。20 世纪 70 年代初，美国推出了第一台半自动化血培养仪——BACTEC 225，利用测定放射计量 $^{14}CO_2$ 的方法进行检测。之后的 30 余年，在微生物学家与工程技术人员的密切合作下，陆续发明出许多半自动化和自动化的血培养技术和分析系统，使原来缓慢烦琐的传统手工变成了简单快速的自动化，在提高工作效率的同时也提高了阳性检出率。

目前，所有半自动检测病原菌生长方法的基本原理均是根据微生物的繁殖和代谢特点，采用适当标记方式，检测培养基中微生物生长代谢终产物 CO_2 量的变化，从而判断培养瓶内有无微生物生长。常用的半自动血培养技术根据检测原理可分为半自动放射性同位素检测法和半自动红外检测法。

（一）半自动放射性同位素检测法

采用放射性 ^{14}C 作为检测标记物的半自动血培养仪器主要包括 BACTEC 225、BACTEC 301、BACTEC 460，在此重点介绍广泛应用的 BACTEC 460。

在 20 世纪 80 年代初期，美国 BD 公司推出了 BACTEC 460 快速血培养仪。其工作原理是在培养瓶内加入含有放射性 ^{14}C 棕榈酸底物，接种标本后，当有微生物生长时，在代谢过程中利用培养基成分释放 CO_2，CO_2 和 ^{14}C 结合产生 $^{14}CO_2$，释放到培养瓶的液面上。将培养瓶移至测试位置，随之插入两根无菌针至液面上方，一根针用于吸出瓶内气体送至电离室内检测放射活性，另一根将培养用气补入。需氧培养时用气瓶和空气提供 CO_2，厌氧培养时由气瓶提供 CO_2、氮、氢等作为培养所需气体，各种气体均由过滤器除菌后输入到培养瓶中。检测出的放射活性换算成生长指数（growth index value，GIV）后读取和打印，生长指数大于检测阈值时提示有细菌生长，即取培养液进行涂片、镜检和转种做进一步鉴定。需氧培养在最初两天内每天检测 2 次，然后每天检测 1 次，共检测 5 天~7 天；厌氧培养则每天检测 1 次。反应过程如图 1-1 所示。

$$^{14}C\text{-底物} \xrightarrow{\text{微生物酶}} \text{中间产物} + CO_2 \uparrow + ^{14}CO_2 \uparrow + \text{其他终产物}$$

图 1-1 反应过程

BACTEC 460 作为血培养仪器目前已较少使用，现主要用于分枝杆菌的培养检测。

鉴于红细胞和白细胞也会产生少量 CO_2，导致培养瓶内气体中 CO_2 的含量持续而缓慢地上升，而任何生长指数高于基础检测阈值的培养瓶都被认为有微生物的生长，所以生长指数基础检测阈值应该设有足够高的水平，以减少假阳性的发生。但是，若生长指数基础检测阈值设定过高，虽然不会出现假阳性，但检测的灵敏度必然会降低，某些生长缓慢，产生 CO_2 量较少的微生物就不能被检出。因此，实验室应建立自己的生长指数基础检测阈值水平，使仪器的灵敏度和特异性之间达到一定程度的协调。

^{14}C 放射性检测血培养系统，相对于传统手工操作而言，主要优点在于：
1）消除了盲目转种的次数。
2）有多种培养基供选择。

3）使实验室对血液标本中微生物生长的检测趋于标准化及自动化。

4）可进行分枝杆菌检测。

5）加快了血培养阳性检出速度。

其不足在于：

1）血培养接种量每瓶仅限 5mL。

2）培养基含放射性物质，放射性污染物处理较为困难。

3）需单独的培养箱、振荡器。

4）需自备混合气体。

5）假阳性率较高。

6）每天只能检测一次或两次，不能及时发现阳性结果。

7）每天的生长指数和不同种类培养瓶的生长指数均相同，影响了检测的敏感性和特异性。

8）检测速度慢，仪器容量小，自动化程度不高。

（二）半自动红外检测法

为了解决放射性检测系统的不足，消除放射性污染危险，20世纪80年代，美国BD公司推出了BACTEC 460的换代产品——非放射性血培养仪BACTEC 660、BACTEC 730和BACTEC 860。

检测结果处理方法与第一代血培养仪相同，将培养瓶内 CO_2 含量的变化，换算成微生物的生长指数，并与仪器预先设定基础检测阈值相比较，当该指数超过基础检测值时就报告为培养阳性。红细胞和白细胞产生的 CO_2 对检测结果的影响，同样可以通过调整基础检测阈值水平来消除，使仪器的灵敏度和特异性达到一定程度的协调。操作与 BACTEC 460 基本相同，主要区别在于：

1）培养基不含放射性物质，采用红外光谱技术检测瓶内 CO_2 浓度，检测速度快，操作更加灵活，标本容量更大（增加到了 10mL）。

2）培养基种类增加为 10 种。

3）检测时，以机械臂代替手工移动培养瓶支架，有的还增设有培养箱和轨道形振荡器，自动化程度进一步提高，更加易于使用，但仍未实现培养结果的全自动连续监测。

4）培养箱、振荡器与仪器为一个整体（BACTEC 660）。

5）每天的生长指数和不同种类培养瓶的生长指数可以自己设置（BACTEC 660 和 BACTEC 860）。

非放射性血培养仪将放射性标记技术改为红外分光光度计检测技术，消除了放射性污染的危险，不足之处在于：

1）仪器费用高，体积大。

2）仍然是通过穿刺的方式取瓶内培养物进行检测，这种贯穿操作会将外界污染带入瓶内，并且可能造成瓶内病原微生物外泄的潜在风险。

3）除 BACTEC 860 外，仍需人工将培养瓶架放入检测器内。

4）BACTEC 730 培养箱、振荡器仍各自独立。
5）需自备混合气体。
6）仍有较高的假阳性率。
7）BACTEC 660 和 BACTEC 730 每天只能检测一次或两次。
8）不能检测分枝杆菌。
9）自动化程度和阳性检出速度都没有显著提高。

三、全自动方法血培养技术

1985年，Thurman Thorpe及其团队发明了可以用于检测细菌生长的内部检测传感器，提出了"非侵入性"血培养检测理念。1989年，法国生物梅里埃公司开发了全球首台BacT/ALERT 3D全自动培养仪，通过监测微生物代谢产生的CO_2所引起的培养瓶底部感应器发生颜色的变化（由灰变黄），将其传导至仪器后发出声音进行警示并显示出不同颜色，BacT/ALERT与主服务器相连可使测试功能进一步自动化。随后，美国BD公司研发的BACTEC FX血液自动培养仪利用了产生的CO_2导致荧光的变化来检测微生物生长情况，可远程获得实时培养结果，从而提高了临床决策和实验室工作流程。

血培养领域中最重要的技术进展是全自动连续监测血培养系统的成功研发。全自动连续监测血培养系统是由计算机控制的集恒温培养、振荡、检测系统于一体的血培养系统。当接种了血液标本的培养瓶装载到血培养仪上后，除需要处理阳性培养瓶和丢弃阴性培养瓶之外，不需要其他手工操作，使血培养方法更趋简单、快速、准确和可靠。同时，检测系统采用非侵入性检测方式，也不需要额外气体供应，杜绝了检测过程中培养瓶之间的交叉污染，敏感性和特异性得到大幅提高，阳性检出速度显著加快，现已成为自动化血培养系统的新标准。

全自动血培养系统的工作原理主要是根据微生物的繁殖和代谢特点，对接种血液标本的培养瓶在恒温、振荡培养的同时，连续定时自动监测培养基（液）的混浊度、pH值，直接检测细菌代谢终产物CO_2的浓度变化或使用荧光标记底物间接检测CO_2的浓度变化、培养液的导电性或氧化还原电势变化，以及培养瓶内气体压力等的变化的程度，采集的数据被传输到计算机中进行分析，以便连续快速监测微生物的生长。这些系统提供了多种培养基，包括需氧和厌氧培养基、中和抗菌药物的培养基及儿科患者使用的培养基。大多数系统和培养基已经得到了广泛的评价和认可。

目前，全自动血培养系统根据检测原理和基础的不同，可分为三类：光电比色检测法的血培养系统、导电性和电压检测法的血培养系统及气压感应检测法的血培养系统。

（一）光电比色检测法

目前国内外应用最广泛的全自动血培养仪多采用光电比色原理进行检测。其工作原理是，微生物在代谢过程中产生代谢终产物CO_2，在血培养瓶底部装置一个CO_2感受器，微生物在生长代谢过程中产生的CO_2与瓶底感受物质发生反应，产生的游离氢离子使感受器上的指示剂变色或氧化还原电位改变或被激发光源激发释放出特定波长的光线，产生的光信号通过仪器内利用分光计、CO_2 感受器、荧光检测等高灵敏的光电信号系统转化为电信号，以检测血培养瓶中某些代谢产物的改变，通过计算机分析判断有无微生物生长。根据检测方法的不同，又可分成四类：

1）利用感应器检测：BacT/ALERT 系统、Virtuo 系统、BST/MDS 系统。
2）利用荧光法检测：BACTEC FX 系统、Miroscan 系统。
3）利用同源荧光技术检测：Vital 系统、LABSTAR 系统。
4）利用红外分光计检测：BioArgos 系统。

1. 利用感应器检测的全自动血培养系统

（1）BacT/ALERT 系统　BacT/ALERT 血培养仪由 Organon Teknika 公司推出，是第一个获美国食品药品监督管理局（FDA）批准的全自动血培养仪。该仪器的检测原理为利用感应器进行全自动反射光比色检测。每个培养瓶底部都装有一个 CO_2 感受器。当把培养瓶放入检测单元的孔位后，发光二极管（LED）发射一束红光至瓶底的感应器，孔内的光电管每 10min 采集一次反射光并将信号转换和放大，再传送至计算机系统进行判断。在感受器与瓶内液体培养基之间密封了一层离子排斥膜，该膜的通透仅对 CO_2 气体有特异性选择，液体培养基中的其他成分包括游离的氢离子均不能通过。当有微生物生长时，CO_2 与感受器指示剂上饱和水发生化学反应：$CO_2 + H_2O \rightleftharpoons H_2CO_3 \rightleftharpoons HCO_3^- + H^+$，产生游离氢离子使 pH 值降低。感受器上的指示剂溴麝香草酚蓝由蓝变黄，通过培养瓶孔位底部的一组反射侦测器检测反射光，光电检测系统采集到反射光变化后计算 pH 值变化趋势，从而判断是否有微生物生长（见图 1-2）。反射单元值随 CO_2 产生量的增多而增高。光电检测系统采集到反射光后计算 pH 值变化趋势，并产生一条基于 CO_2 和其他溶解培养基内的代谢产物生长曲线，通过复杂的数学运算（加速度、速率法、起始阈值法）分析判断阴性或阳性，对标本进行及时快速报警。将此读数与传感器初始的读数相比较。如果初始 CO_2 水平较高、CO_2 生成率异常高或持续生成 CO_2，则

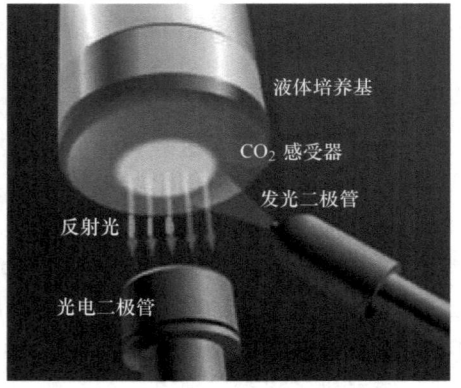

图 1-2　BacT/ALERT 系统检测原理示意图

判定该样品为阳性。BacT/ALERT 3D 微生物检测系统是通过比较 CO_2 及其他代谢产物的生成速率，而不是检测是否超过基值，可大大减少假阳性的产生。即使 CO_2 生成量很小，也可以被迅速检测到。

根据容纳的血培养瓶数量，该系统分为 BacT/ALERT 240 和 BacT/ALERT 120。以单个带 240 孔位的培养箱为单元，可进行一至数个的单元组合。各种类的血培养瓶和计算机控制系统组成了一个培养箱单元。

培养瓶为一次性负压无菌培养瓶，压力差可将血液从血管导入到培养瓶中。培养

基的基础营养物质是胰酶大豆消化肉汤并附加其他营养成分，可用于检测血液、脑脊液、胸水及其他正常无菌体液中的细菌。培养瓶有需氧培养瓶、厌氧培养瓶、儿科培养瓶和抗生素中和瓶（高营养可吸附抗生素）等多种。目前，该公司推出最新产品BacT/ALERT 3D全自动细菌、分枝杆菌培养系统，可孵育、混匀和连续检测与其配套使用的需氧、厌氧及结核培养瓶。该系统原理与BacT/ALERT系统相似，采用独有的产色检测技术，无侵入性，支持延迟放瓶。培养瓶为多层聚合碳纤维制成，可消除因玻璃破碎对操作人员造成的伤害及导致的生物安全性隐患。培养基培养能力强大，可培养血液和体液中的细菌、真菌和分枝杆菌。仪器设计紧凑，功能先进，操作简单，系统样本容量大，适合不同实验室发展的需要。

（2）Virtuo全自动细菌、分枝菌培养系统　新一代血培养仪Virtuo全自动细菌、分枝菌培养系统，其工作原理同BacT/ALERT 3D全自动细菌、分枝杆菌培养系统的工作原理相同。Virtuo系统采用更加先进优越的血培养技术，真正实现了血培养过程的全自动化（自动机械臂上瓶、自动卸载分离阳性和阴性瓶），与Myla软件整合形成高效的数字化管理系统，实时监测和控制血培养过程。这些培养瓶均可用于检测菌血症、真菌菌血症或分枝杆菌菌血症患者的标本。该系统由控制组件、血瓶信息采集组件、自动装机组件、孵育组件和培养后血瓶放置组件五个基本部分组构成。Virtuo系统在继承原有血培养仪器触摸屏、可扩展性及可以同时培养细菌、真菌、分枝杆菌的基础上，重新设计并添加了自动扫描装置，优化软件算法以降低假阳性和假阴性，通过机械臂完成自动化上瓶、卸载分离阳性瓶与阴性瓶。这些改革措施极大地缩短了血培养各个环节中手工操作的时间。

新一代树脂型抗生素中和血培养瓶系列（FAN PLUS瓶）包含以下三种类型：需氧血培养瓶、厌氧血培养瓶及儿科血培养瓶。全系列产品均采用吸附性聚合物微珠（adsorbent polymeric beads，APB），可有效中和抗生素对微生物生长的抑制作用。该系列血培养瓶采用多层碳纤维增强复合材料制成，可显著降低瓶体破裂风险，避免生物安全隐患。相较于传统活性炭吸附型血培养瓶（FAN瓶），新一代产品中的抗生素中和材料升级为吸附性聚合物微珠，APB包含两种基础微珠（疏水/阳离子型）与一种特异性吸附剂，其作用机制如下：

1）疏水作用型微珠：通过微珠表面的长链烷基或芳香族基团产生疏水相互作用（hydrophobic interaction），特异性结合非极性/低极性抗生素分子，如万古霉素、利奈唑胺和达托霉素等。

2）阳离子交换型微珠：表面修饰磺酸基（—SO_3H）或羧酸基（—COOH）等阴离子官能团，通过静电作用吸附带正电荷的抗生素（pH值为7.4的质子化药物），如氨基糖苷类和多黏菌素类。

3）特异性吸附剂：一类针对β-内酰胺类抗生素（尤其是碳青霉烯类）分子结构设计的化学捕获剂，其核心机制是通过共价键结合或立体结构互补实现精准吸附。

（3）BST/MDS伯泰-全自动微生物培养检测系统　BST/MDS伯泰-全自动微生物培养检测系统利用色度传感器，对反射光连续监测，精确描绘变色过程，自动测定出微生物的生长情况。培养瓶在接种标本后，如存在微生物，则微生物将对培养基中的物质进行代谢，从而产生 CO_2。随着微生物的生长，CO_2 浓度增加，培养瓶底部可透过气体的 CO_2 传感器颜色从绿色（或深色）变为黄色（或浅色）。阳性判别方法采用阈值法、速率法、加速度法三种方式相结合，最大限度地满足阳性报警的需要。

BST/MDS 伯泰-全自动微生物培养检测系统单机标准型仪器有 60 或 100 个瓶位的独立监测单元，通过外接扩展舱，全系统可兼容至 300 个瓶位的同步检测。培养瓶的瓶体由高强度、无色透明的聚碳酸酯（PC）材料制成，耐高温高压、耐腐蚀、不易破损，最大限度地满足了生物安全的需要。培养瓶共有 5 种：普通需氧瓶、普通厌氧瓶、需氧中和抗生素瓶、厌氧中和抗生素瓶、儿童瓶。培养基的综合培养能力可支持血液和体液中苛养菌、真菌的生长。利用培养瓶的旋盖设计可对阳性瓶直接提取菌液和（或）菌苔，免穿刺，提高生物安全性。

2. 利用荧光法检测的全自动血培养系统

（1）BACTEC FX 系列全自动血培养系统　BACTEC FX 系列全自动血培养系统由美国 BD 公司研发生产，采用美国 BD 公司专利的荧光增强连续检测技术，提高了检测的准确性和检测速度。图 1-3 所示为 BACTEC FX 系统检测原理。将含有荧光素并且对 pH 值极其敏感的传感器包埋在培养瓶底部，微生物利用培养基内的营养物质在代谢过程中释放出 CO_2，CO_2 与感受器中的水产生反应生成氢离子，降低感受器中的 pH 值，氢离子激活培养瓶内感受器的荧光物质并释放出特定波长荧光，通过仪器内高灵敏的光电信号系统转化为电信号，荧光信号的强弱与 CO_2 的浓度成正比。仪器每隔 10min 将检测到的荧光信号经处理转换成各种参数，并通过强大的运算法则的分析和运算得出培养结果，并绘制微生物的生长曲线，做出相应的判断和分析报告，最终判断为阴性或阳性。该技术的特点是敏感性强，报告时间快，12h～24h 就能培养出 90% 的阳性结果。如果 5 天～7 天未出现阳性，则为阴性瓶。

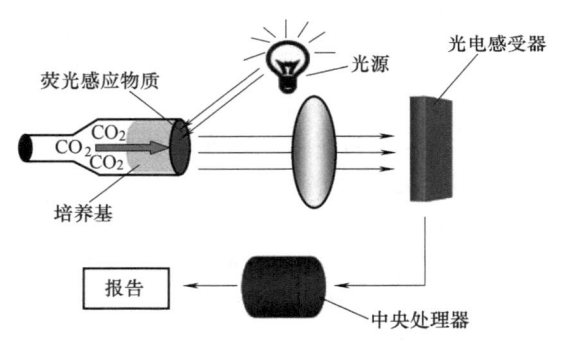

图 1-3　BACTEC FX 系统检测原理

BACTEC FX 系列在硬件和软件系统方面均进行了较大改进，触摸屏操作更加简单方便，独特的仪器状态显示灯以红、黄、绿三色提示仪器内培养瓶的培养状态，可以连接实验室信息系统（LIS）进行数据传输，如图 1-4 所示。依据仪器承载的瓶位数量，分为 BACTEC FX400（400 个瓶位）、BACTEC FX200（200 个瓶位）及 BACTEC FX40（40 个瓶位）。以上均可进行模块化扩展，以满足不同规模实验室的需求。另外，BACTEC FX40 体积小巧，操作简便，除了用于微生物实验室，也适合放置于急诊检验或 ICU 等临床科室做卫星血培养。

BACTEC FX 系列全自动血培养系统配套 7 种不同类型的血培养瓶，分别为标准需氧培养瓶、树脂需氧培养瓶、标准厌氧培养瓶、树脂厌氧培养瓶、儿童树脂培养瓶、含溶血素厌氧培养瓶、含溶血素分枝杆菌真菌培养瓶。用户可根据实际需要选用不同的培养瓶。按培养瓶说明书要求，无菌操作注入需求的血量，将培养瓶放入仪器中，仪器将自动孵育、混匀和连续检测培养瓶，在仪器提示阳性或阴性时取出培养瓶。BACTEC FX 系列全自动血培养系统的操作流程在以前版本的硬件和软件系统基础上进行了改进，更加简捷快速。树脂培养瓶采用美国 BD 公司专利的树脂吸附技术，可吸附标本中绝大部分的抗菌药物，不影响阳性标本的直接涂片染色效果。该系统安全性好，培养过程培养瓶全程密闭，无标本和气体漏出，极大地降低了污染实验室和伤害检验人员的风险。支持 48h 延迟上机，有效地解决用户延迟上机的难题。

图 1-4 　 BACTEC FX 系列全自动血培养系统

（2）MicroScan 血培养系统　MicroScan 血培养仪检测原理与 BACTEC FX 系列相似。仪器由两个抽屉组成，每个抽屉有 8 个格，每个格可放 12 个血培养瓶。计算机最多可控制 8 个培养系统，因此，MicroScan 血培养仪最多可检测 1536 个血培养瓶。血培养期间以垂直方式快速振荡 6 次/min。培养基有需氧和厌氧两种，基础成分均为大豆酪蛋白消化肉汤。培养基含量 60mL，要求标本量 10mL。

3. 利用同源荧光技术检测的全自动血培养系统

（1）Vital 全自动血培养系统　Vital 全自动血培养系统通过整合其自动化检测模块与梅里埃 API（analytical profile index，分析菌群索引系统）微生物生化鉴定技术，实现血培养阳性样本的全流程自动化处理。Vital 系统也使用荧光技术检测血培养瓶，但与 BACTEC FX 系列不同的是该系统采用同源荧光技术（homogeneous fluorescence technology，HFT），检测荧光衰减，还能感知 pH 值和氧化还原电势的变化。

该系统采用均质荧光技术检测荧光衰减来判断有无细菌生长，其液体培养基内含有荧光物质分子。当有微生物生长时，微生物在生长代谢的过程中产生质子（使培养基变酸）、电子（使培养基还原）和各种带电荷的原子团等与荧光分子发生化学反应，使荧光分子变成无荧光的化合物，即发生了荧光衰减。通过光电比色检测荧光分子的衰减强度来判断是否有微生物生长。因此该仪器显示的生长曲线呈逐渐下降，称为同源荧光衰减。当发现某瓶荧光值减弱时，系统报告为阳性结果。

根据容纳的血培养瓶数量分为 Vital 200 型、Vital 300 型、Vital 400 型。该仪器能自动调节孵育温度使其保持在 35℃～37℃；连续振荡培养基且每 15 min 检测一次，能保持轻度振荡促进细菌生长；可自动读取各培养瓶内的动态变化并及时检出阳性标本，检出速度快，适用范围广。该系统对阳性结果的判断可通过 3 种方式：

1）SLOPE 方式，主要检出生长缓慢的微生物。

2）DELTA 方式，主要检出对数生长期的微生物。

3）THRESHOLD 方式，主要检出送至微生物实验室前因延误而已经阳性的血培养瓶。

基础培养基的主要营养物质为胰酶大豆消化肉汤，并添加了嘌呤、嘧啶、维生素及氨基酸等生长因子成分以促进微生物生长，分为需氧培养瓶（Vital ARE）和厌氧培养瓶（Vital ANA）等。

（2）LABSTAR 全自动血培养系统　LABSTAR 全自动血培养系统是一款快速血液细菌培养仪，采用同源荧光技术原理。液体培养基内含有荧光物质的分子，该指示剂的荧光强度与微生物生长繁殖所产生的还原物质数量有关，荧光强度和细菌总数呈正相关。系统每 10min 检测一次，根据光强度变化趋势判断有无微生物生长。血液标本采集后未能及时放入血培养仪，或培养过程中发生停电和仪器故障等突发情况时，可以通过瓶底的颜色变化用肉眼进行阴阳性结果判断。

LABSTAR 血培养仪分为检测系统和信号处理系统。检测系统可实现恒温摇摆振荡培养，实现以 10min 为周期的动态检测。信号处理系统运用智能优化算法对检测数据进行分析，实现了快速准确的阳性标本的报警。

LABSTAR 全自动血培养系统配套 4 种不同类型的血培养瓶：标准培养瓶、儿童抗生素中和培养瓶、成人抗生素中和培养瓶、厌氧抗生素中和培养瓶，用户可根据实际需要选用不同的培养瓶。按培养基说明书要求，无菌操作注入需求的血量，将培养瓶放入仪器相应检测位中，连续检测，系统可对检测结果进行处理、分析，从而快速准确地实现阳性标本的报警。

4. 利用红外分光计检测的全自动血培养系统

该系统利用红外分光光度计检测 CO_2 含量，是法国 Sanofi 公司的系列产品。Bio-Argos 血培养系统检测原理与 BACTEC 半自动系统相似，通过红外光谱仪检测病原菌生长产生的 CO_2。与 BACTEC 半自动系统不同的是，对 CO_2 的检测是经瓶外检测而不是抽取瓶内气体分析，因此不需要每次测完充气平衡。工作人员只需将采样好的血培养瓶放入标本装载区，自动进样至检测区使用红外对培养瓶进行初次扫描，获得初始数据。血培养瓶被振荡 12s 后再移入孵育区进行培养，红外会连续监测培养瓶内 CO_2 的浓度的变化来判断有无微生物生长。真空发光检测装置发出光照射到颜色指示器上，其反射光可被光电检测器检测到。随着 CO_2 的增多，瓶子底部的颜色指示器变为更亮的颜色，反射光也会更强。

BioArgos 血培养系统包括标本装载、检测、孵育和计算机四个部分。收到血培养瓶时，操作人员只需将培养瓶的条形码用扫描器输入仪器，并将血培养瓶放入标本装载单元，输入病人相关资料即可。该单元可容纳 57 个血培养瓶。其余操作由计算机控制自动完成。机械臂将血培养瓶由标本装载单元移到检测单元，读数后振荡 12s 再移入孵育单元，之后培养无须再进行振荡。血培养瓶按计算机程序设定时间由机械臂移入检测单元检测至规定时间。需氧血培养第 1 天检测 8 次，第 2 天、3 天每天 3 次，第 4 天~第 7 天每天 6 次；厌氧血培养第 1 天检测 4 次，第 2 天~第 4 天每天 2 次，第 5

天~第7天每天1次。机械臂会将阳性瓶移入到阳性箱内进行转种,第8天后仍是阴性的瓶子则被机械臂放入废液容器中,等待按感染性废物处理流程处理。

严格地讲,BioArgos血培养系统是介于半自动与全自动之间的一种血培养仪;称其为半自动,是因为它对血培养的检测不是连续的,只能按照仪器已设置的时间检测;称其为全自动,则是因为每次对血培养瓶进行检测均由仪器自动完成,不需要人工介入,并且检测采用的是无损伤瓶外方式。

培养基有需氧和厌氧两种。需氧培养基(BioArgos AER)基础为脑心浸液,并附加其他营养成分。厌氧培养基(BioArgos ANAER)基础为Schaedler肉汤,并附加厌氧菌生长所的需营养成分。

(二) 导电性和电压检测法

血培养瓶中的培养液因添加了不同的物质而具有一定的导电性,微生物的生长代谢产生了能使液体导电性发生变化的各种质子、电子和带电荷的原子团。通过瓶盖与培养基相连的电极与仪器电极连接器相连,检测培养基的导电性或电压来判断有无微生物生长。具有代表性的导电性和电压检测法全自动血培养系统有Malthus 112L系统、Sentinel系统等。

1. Malthus 112L 系统

Malthus 112L系统首次于1984年进行临床应用评价,通过检测培养基电传导率判断是否有微生物生长。其培养系统为4个水浴箱,每个水浴箱可容纳28个Malthus血培养瓶,有需氧血培养瓶和厌氧血培养瓶两种,其基础培养基均为脑心浸液。每个血培养瓶盖上有2个铂电极与培养基相连。实验室收到血培养瓶后,将血培养瓶放到仪器的电极连接器上,仪器由计算机控制,每30min自动检测一次培养基的导电性,连续9天检测其导电性,并将检测数据导入计算机中。可在仪器上随时查看每一个血培养瓶的情况,通过图像、斜率或数值的形式显示血培养的导电性。如果一天中2次检测到导电性的明显差值变化,则可在不取出血培养瓶的情况下,用特制注射器取血接种培养基来证实是否有细菌生长。

由于Malthus 112L系统以判断血培养基电传导率作为判断病原菌是否生长的指标,必须以病原菌生长前的电传导率为基础,因此要求抽血接种培养瓶后应立刻送至实验室并放入仪器检测。如果病房不能及时送检血培养,有菌生长后再放入仪器,那么由于导电性变化不明显,仪器常不能检出细菌生长。如果需放入,应进行革兰染色涂片,未找到细菌或真菌才可放入仪器;否则,即使有微生物生长,因电传导率变化不明显,仪器难于检出,易造成假阴性结果。

2. Sentinel 系统

Sentinel系统检测原理与Malthus 112L系统基本相同,通过检测培养基电压的改变来判断血培养瓶中是否有微生物生长,其检测原理类似一个电池。血培养瓶分别有正极和负极。正极为铝,缓慢释放电子,经检测系统电路到达负极(金电极)。电子受体为培养基中的可还原物质,需氧菌为氧原子,厌氧菌为其他物质。当有细菌生长时,电子受体被还原,两个电极之间就形成了电压差。这种电压变化经检测系统监测,计算机软件分析后判断出是否为血培养阳性。仪器每14s监测一次电压，计算机每15min分析一次血培养瓶的电压变化平均值。

仪器由计算机和5个孵育抽屉组成，每个抽屉可容纳80个培养瓶，总共可放置400瓶。电极隐藏在培养瓶底部，当血培养瓶放入孵育抽屉时，电极穿过一层薄膜与培养基接触，另一端与仪器检测系统连接，形成循环电路。培养瓶有两种类型：需氧瓶和厌氧瓶。需氧瓶检出阳性的最短时间为12.5h，厌氧瓶检出阳性的最短时间为3.75h。

（三）气压感应检测法

细菌生长过程中，多数会使培养瓶内的气体发生量变，甚至质变，如消耗氧气才能生长的需氧菌和生长时产生气体（主要为CO_2）的厌氧菌。因此，培养瓶内的气压变化可以反映出微生物的生长变化。具有代表性气压感应原理检测的全自动血培养系统的有ESP（extra sending power）血培养系统、VersaTREK全自动血培养分析系统和Oxoid全自动血培养（oxoid automated septicemia investigation system）系统。此类血培养系统对采样后的血培养瓶的送检时限有较高的要求，如送检不及时将导致细菌繁殖，造成血培养瓶内压力变化差异小，易出现假阴性。

1. ESP血培养系统

ESP血培养系统是通过检测血培养瓶内压力的改变判断是否有微生物生长的。每个血培养瓶通过一个一次性的连接装置和仪器的感压探测器相接起来。当微生物生长时，产生或消耗的气体导致瓶内压力改变，压力感受器会将压力变化转化为电压数值传送到计算机系统进行计算分析，并将压力变化和时间的关系绘制成曲线，以反映气压下降或上升趋势。当检测到培养瓶内的气压变化达到一定值时，则判断为阳性。因此要求采血后应及时送实验室，超过4h则不能用仪器检测，即使需要仪器检测，也应涂片检查，判断为阴性才能放入仪器，培养7天报告结果。

ESP血培养仪根据检测标本数量分为ESP 128型、ESP 256型和ESP 384型。该系统的培养瓶是抽屉式放置而不是内置或开口向外的孔式放置。以ESP 128型为例，该仪器有8个孵育器，每个可放置16个血培养瓶。四个孵育箱用于需氧培养，以旋转方式振荡培养，速度为160r/min；另外4个用于厌氧培养，不振荡。需氧瓶每12min检测一次，厌氧瓶每24min检测一次。所有过程均由计算机控制。根据工作量需要，该系统计算机最多可控制5个柜式装置。

2. VersaTREK全自动血培养分析系统

VersaTREK是由美国TREK公司生产的多功能、快速培养系统。该系统继承了ESP Ⅱ血培养系统的优点，可应用于血液、无菌体液和各种标本中分枝杆菌的快速培养及分枝杆菌的药敏检测。

细菌的生长使瓶内气压改变，VersaTREK全自动血培养分析系统，采用气压感应技术，可检测各种产气和消耗气体的细菌。通过压力传感器监测瓶内压力的变化绘制曲线，自动判断阴性和阳性。当标本呈阳性时，仪器发出报警声并将结果显示在屏幕上。

VersaTREK可适配需氧瓶、厌氧瓶及分枝杆菌培养瓶，适用于血液及各种体液标本培养，并可用于结核分枝杆菌的药敏试验。几种类型的培养瓶可以放置在任意位置，

VersaTREK 以抽屉模块式相连，可根据用户需求扩增模块数量。需氧瓶放进 VersaTREK 系统，产生的涡流为需氧菌提供足够的氧气而无须摇动抽屉，这样可提高细菌的生长速度和检出率。VersaTREK 的分枝杆菌培养瓶采用钢化玻璃材质，瓶内含有模拟肺泡的介质，既安全又提高了结核分枝杆菌的检出率。最新设计的培养瓶可直接用于真空采血，有效地降低了污染。

3. Oxoid 全自动血培养系统

Oxoid 全自动血培养系统是 1994 年由英国 Unipath 公司推出的能连续监测密闭瓶中由于微生物代谢引起压力改变的血培养系统。

该系统检测原理与 ESP 相似，也是通过检测血培养瓶内气压的改变来判断是否有微生物生长。不同的是它对压力的判断是间接的，而非直接检测培养瓶内气体压力改变。该系统使用激光扫描技术，每 5min 会对瓶顶部的橡胶隔膜进行扫描一次。培养瓶中有一磁力搅拌子，转速为 240r/min，使培养液和标本不断地被混合。微生物生长、产生或消耗气体，会使培养瓶顶部的橡胶隔膜受到正性或负性力作用而升降位置，激光每 5min 扫描一次并传入计算机中，通过计算，即可得到培养结果。

培养箱分为 5 区，每区可容纳 20 个血培养瓶，最大容量为 100 个血培养瓶。该系统有两种培养基，即需氧和厌氧两种。基础培养基均为大豆酪蛋白消化肉汤，并根据需氧或厌氧培养添加不同的生长因子。厌氧培养瓶还增加了还原剂，培养瓶顶部的空间充填厌氧培养所需气体。培养基含量为 90mL，要求抽血量 10mL。

随着科技的进步，血培养技术发展从纯手工操作到自动化，从肉眼观察到检测细菌代谢产物或标记物，结果判断从主观臆断到计算机运用复杂公式计算，提供连续判读数据、绘制细菌生长曲线，为血培养阳性的三级报告提供了技术基础。目前，全自动血培养系统具有特异性高、灵敏度强和准确快速等优点，在降低实验室工作强度，减少血培养污染，提高病原菌分离率等方面较半自动血培养系统有显著优势，但仍须在如下几方面进行改进：

1）提高仪器的敏感性和特异性，减少假阳性或假阴性的发生。
2）与医院计算机网络连接，充分发挥仪器优势。
3）加快阳性血培养的处理过程。
4）开发新型血培养仪器。

相信随着科学技术的发展，未来血培养仪无论仍采用以生长为基础的方法，还是采用分子生物学方法或其他方法，都将会趋于将检测、鉴定，甚至药敏试验等功能结合于一体，以克服目前血培养仪器存在的不足。

第二节 血培养仪基本组成

随着国家遏制微生物耐药控制方案的实施，要求二级以上医院都配备了全自动血培养仪，除进口自动血培养仪外，国产血培养仪品牌也如雨后春笋般迅速成长，凭借成本优势不断扩大国内的市场份额。但国内基层医院为节省检测成本仍多数采用手工法开展血液细菌培养,通过肉眼观察主观判断微生物的生长情况,手工法存在时间长、检出率低、准确性差等缺点,延误临床诊疗,无法满足临床医患的需求。因此,血液培养领域更需要融合了微生物学、计算机学和工程学的微生物生长自动监测系统。

无论进口还是国产的全自动血培养仪,其工作流程都是将血液标本接种于特制培养瓶的培养液中,血培养瓶在恒温孵育器中不停振荡以加速细菌培养,细菌在繁殖过程中产生CO_2,导致培养瓶中气压、电压和指示剂颜色发生变化,由检测系统捕捉到这些变化并及时准确检测出来,绘制生长曲线,利用算法精确判断样本阳性的临界点并做出报告。下面将对全自动血培养仪的各种检测系统及所需硬件和软件等进行一个较为全面的介绍。

一、血培养仪的主要组成

(一)主机

1. 恒温孵育系统

血培养仪的主机通常设有恒温装置和振荡培养装置,恒温装置是为了模拟人体体温保持在37℃左右,血培养瓶需放在恒温箱进行培养才能最好地模拟人体内的环境。由外壳、孵育模组、孵育模组承托支架、控制器、加热膜、横流风机和温度传感器共同组成了恒温装置,通过空气循环加热的原理来保持恒温:承托孵育模组的后方有加热膜加热空气,侧面的横流风机不断吹动热空气在孵育模组之间流动,使热量快速扩散,在整个恒温箱中达到均匀分布。温度传感器监测恒温箱中的温度变化,并与控制器连接,从而控制加热膜和横流风机的运行,维持恒温孵育箱内部温度的均衡分布,保障恒温孵育要求。恒温孵育装置的各部分组成和位置如图1-5所示。

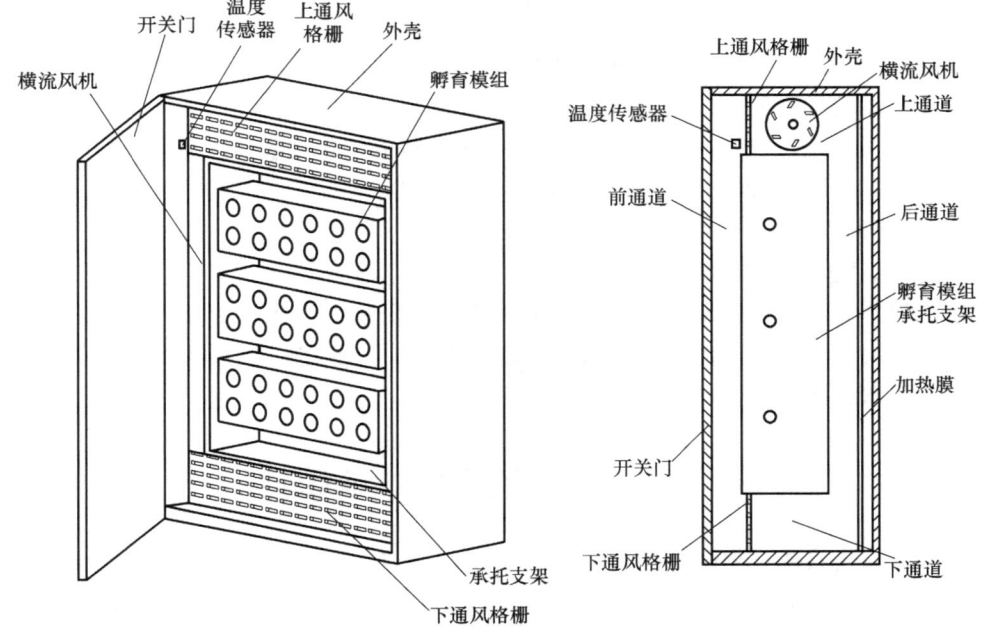

图1-5 恒温孵育装置的各部分组成和位置

2. 振荡装置

血培养瓶在仪器中时，需要让血液样本在培养瓶中进行连续均匀的振荡孵育，以促进细菌更好地生长，从而提高检验结果的准确性。早期血培养瓶的振荡孵育完全靠人工，费时费力，且振荡不均衡，效果不理想。随着科学进步及微生物学的发展，目前已研制出多种自动化、智能化的全自动血培养仪，装配了孵育模块的振荡装置。振荡装置由电动机模组、连杆机构、框架板、锁紧块模组和孵育模组等数个部件组成（见图1-6）。多个孵育模组上下排列，逐一对应锁紧块模组。锁紧块模组利用第一连接件和第二连接件将孵育模块通过框架板上的定位孔和开孔与传动连杆相连接，第一连接件沿定位孔活动来控制孵育模组的摆动幅度。而电动机模组包含电动机、传动轮、光电传感器和控制单元，在电动机模组的驱动下，传动连杆发生转动，带动相应的孵育模组做摆动运动。光电传感器实时采集电动机转动的位置和状态信息并传递给控制单元，用于调节所述电动机转动位置和速度。转轴采用了进口深沟球轴承转动，可让血培养瓶的摆动同步，并减小系统内部的摩擦，降低电动机负荷，减少噪声，利于延长系统使用寿命，同时该振荡装置还具备低成本和高稳定性的特点。

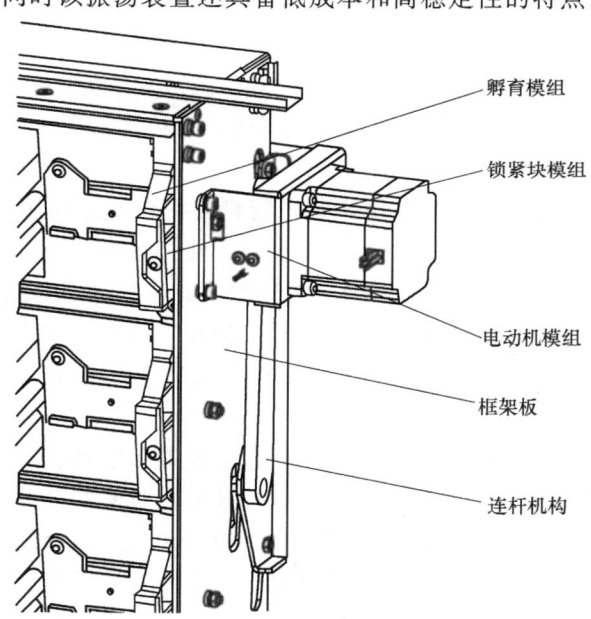

图1-6 孵育模块振荡装置的立体结构示意图

3. 摇摆监测装置

血培养瓶在孵育的过程中，需搭载一个定时摇摆振荡监测装置，以确保监测孵育模块摇摆监测的准确度。该监测装置通过磁铁与霍尔传感器的配合从而实现孵育模块摆动，继而为后续的正常培养流程的运行提供了保证。这个装置包括支承框架、孵育模块、控制器、磁铁、霍尔传感器。霍尔传感器设置在孵育模块上，孵育模块相对于支承框架进行自由摆动，孵育模块带动霍尔传感器进行同步摆动；当霍尔传感器与磁铁接近或远离时，霍尔传感器在磁场的影响下，向控制器发送高频或者低频电压信号，可直接反映孵育模块的摆动情况,从而确保孵育模块摆动情况的准确检测。

4. 自动检测系统

自动检测系统灵敏度高、检测周期短、准确度高和检测成本低,其工作原理是通过定时自动直接或间接检测培养基(液)中的pH值、气压、各种标记物的变化,来判断培养瓶内是否有细菌生长,若为阳性瓶则给予声光报警,以缩短患者确诊病情的时间。根据原理不同,有多种检测技术,包括红外检测、荧光检测、CO_2感受器检测(显色法)、气压检测等。以下着重介绍常见的四种检测系统。

(1) 红外检测系统 红外检测系统主要由检测单元、信号处理单元和显示单元组成。检测单元两端分别装有准直透镜和红外探测器,激光通过输入光纤传输至准直透镜经聚焦后进入检测单元,培养瓶放置于检测单元中心位置,经准直后的激光从培养瓶上方的非培养液空间穿过,并由对面窗片上的红外探测器接收,将激光信号转换为电信号,最终将电信号传输至信号处理单元进行信号处理。信号处理单元包括激光控制器、半导体激光器、D/A(数模)转换器、A/D(模数)转换器和DSP(数字信号处理)模块。显示单元包括液晶显示器和声光报警器。液晶显示器实时显示CO_2浓度曲线信息,若CO_2浓度超出预设的浓度值,则声光报警器进行声光报警,以及时检测出培养瓶中细菌的存在。与现有技术相比,红外检测系统的优点是:

1) 灵敏度高。采用了可调谐半导体激光吸收光谱技术,实时检测灵敏度处于ppm(10^{-6})量级,可有效满足医疗检测的需要。

2) 检测周期短。采用可调谐半导体激光吸收光谱技术,利用CO_2的波长调制吸收光谱检测CO_2的浓度,其时间分辨率在秒量级,使检测周期缩短。

3) 准确度高。使用窄线宽的可调谐半导体激光器作为检测的激光光源,利用CO_2光谱的"指纹"特征,消除了其他气体的干扰,提高了微生物检测的准确度。

4) 检测成本低。取代了传统检测方法在培养瓶底部放置CO_2感受器的方法,降低了检测成本。

(2) 荧光检测系统 荧光检测系统包括监控装置、电动机、减速器、连杆、转盘、加热器、检测器、运放装置、检测孔。监控装置由计算机构成,减速器后部连接电动机,减速器前部连接连杆,转盘为有中空检测孔的盘状结构,轴心与连杆连接。检测器位于转盘侧面,加热器位于检测器侧面,运放装置一端与监控装置连接,另一端与检测器连接。荧光属于微弱光,需要灵敏度高的感光元件检测。选择雪崩光电二极管作为感光元件,检测瓶底激发的荧光强度,使用滤光片可有效滤除杂光的干扰。通过使用计算机作为监控装置,可在荧光屏上随时观察微生物的生长情况,并绘制生长曲线,以便及时准确做出样本阳性报告。

荧光检测系统的优点是:

1) 运用雪崩光电二极管作为高灵敏度检测元件,能够感受培养瓶内由于微生物数量增加导致的荧光强度的增强。检测过程阳性率稳定、检测时间短、不容易污染,90%阳性标本可在12h内被检测,大大缩短了患者的治疗时间。

2) 阳性率(灵敏度)高、准确性高,使患者及时得到救治从而提高了治愈率,同时还提高了病床周转率。

（3）CO_2感受器检测系统　CO_2感受器检测系统的原理是血培养瓶底部的CO_2感受器可随pH值变化而产生颜色变化，碱性时为绿色，CO_2使pH值降低后指示剂变为黄色。在感受器与瓶内液体培养基之间隔着一层仅允许CO_2气体通过的离子排斥膜。培养基中有细菌生长后，感受器的颜色由绿变黄，可被光反射检测计连续监测。该检测系统的每一个培养瓶的放置位底部都有一组照明单元与探测单元，照明单元采用发光二极管（LED）作为光源，可以提高检测设备的稳定性、提供相对稳定的光强并降低使用成本。检测电路包括前置放大电路、主放大电路和解调电路。前置放大电路将信号和噪声的幅度提高至某一水平，主放大电路进行线性放大，解调电路将放大的信号进行方波解调和A/D变换。

（4）气压检测系统　压电式传感器的原理是基于某些晶体材料的压电效应。常用的压电材料有天然的压电晶体（如石英晶体）和压电陶瓷（如钛酸钡）两大类，全自动血培养仪通常使用石英晶体。压电式压力传感器是利用压电材料的压电效应将被测压力转换为电信号的，它的体积小，结构简单，测量范围宽（可测100MPa），测量精度较高，频率响应高（可达30kHz），是动态压力检测中常用的传感器。因石英晶体压电传感器在液相中与在气相中灵敏度一致，故是检测血培养气体压力变化的理想元件。压电元件一边接地一边通过引线将电荷引到电荷放大器放大，然后转换为电压或电流输出，输出信号数值越大则被测压力值相对应越大（见图1-7）。

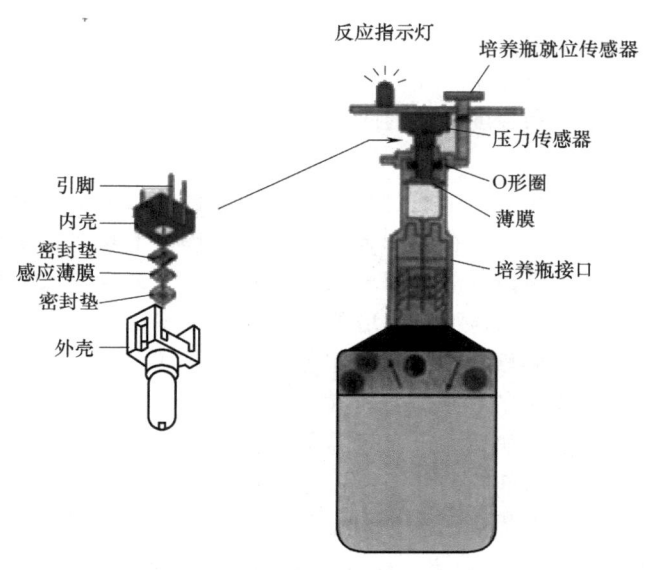

图1-7　气压检测系统组成结构示意图

石英晶体压电传感器通过分时选通电路及信号转换电路对传感器输出的正弦波信号进行采样，然后将信号频率数据通过USB人机交互设备（HID）传送给上位机，上位机对数据进行处理后比对数据库进行分析，给出判断结果。采用压力检测系统具有结构简单、体积小、重量轻、使用寿命长等特点。

5. 校准系统

血培养系统用于临床实验室在体外对人体血液或其他无菌体液中的微生物连续培养、自动检测和判断培养结果（阳性或阴性），该系统包括血液培养仪及相配套的培养基。由于血培养系统在临床检验微生物分析领域的广泛应用和经常对外提供检测的数据，应对其进行校准。除了根据YY/T 0656—2008《自动化血培养系统》进行外部的温度波动试验和准确度试验外，全自动的血培养仪还配备有校准装置。

自动化血培养系统校准装置通过模拟真实培养环境，同时校准温度与光学参数，它的主体由电控板、电池、温度采集装置和光学采集装置组成，主体顶端有USB接口，其内的电控板含有存储模块和无线发送模块，能够对探测的数据进行存储并且无线发送到计算机进行显示。将校准装置放入血液细菌培养仪的培养孔中，其壳体形状与血培养瓶一致，可确保密封性；温度检测仓内装填纯水模拟培养液，铂电阻温度传感探头浸入水中实时检测温度，并将温度数据通过电控板传输至存储模块，并无线发送至计算机，用户可据此调整培养仪温度至标准值。光学校准工作的原理是培养仪的光学检测系统发出短暂光信号通过壳体底部的镂空玻璃片进入装置，光照传感器捕捉光信号强度，数据经电控板处理并无线传输至计算机，用户根据数据校准光学系统，以确保光照的均匀性和稳定性。

自动化血培养系统校准装置还包括专用盛放箱体，用于屏蔽机械冲击、压力或湿度。这个箱体设有凸起，与校准单元壳体底部凹陷匹配，系统校准装置可以代替标准菌株作为自动化血培养系统校准介质，其性能稳定可靠，校准操作中不需要配制标准菌株阳性培养液和大量血培养瓶，使用成本低，可有效发现血培养系统存在假阴性的原因，从而实现光学参数和温度参数的同步校准，节省校准时间，适用面比较广。

6. 采血量确定系统

血培养是将血液中存在的细菌通过培养液来增加菌量，从而检测细菌传代生长的过程中产生的CO_2。因血液中存在的细菌数量很低，理论上是采血量越多，采集到的细菌量才越多，才能更容易被仪器检测出来。有研究表明采血量每增加1mL，检出率可提高3%～5%。但因以血培养瓶作为培养基，自身体积受限，单个培养基无法采集更多量的血液。对于单个血培养瓶而言，采血量并非越多越好。首先，因为正常人血液中含有能抑制微生物生长的物质，如补体、溶菌酶、吞噬细胞、激素、抗体、转铁蛋白、γ-球蛋白和抗生素（如病人采血培养前正接受抗生素治疗）等。其次，为了减少这些抑制因子浓度从而降低其抑菌活性，通常血-肉汤比例应在1∶10～1∶5的范围，同时避免过量血细胞呼吸作用导致假阴性。因此，成人瓶通常控制在8～10mL，儿童瓶则为1～5mL，是比较理想的配比，既能最大限度提高检出率，又不造成不良影响。此外，部分商品化培养瓶通过添加中和剂突破1∶5的血-肉汤比例限制，直接抑制了血液中的抑菌因子，从而在有限容积内最大化检测效能，规避了过量采血的干扰风险。

血培养瓶通过增加负压设计，既确保血液快速吸入以匹配预设容量，又避免了培养过程中细菌产气导致瓶盖顶出——其负压值通常略高于所需采血量以预留缓冲空间。为此，高端血培养仪集成采血量确认系统通过多维度监测实现精准控制：利用反馈机制（如动态放血调节）实时判断培养物质量，识别异常血液容量（如过量或不足）并触发警报，同时根据实际血液水平自动优化检测算法。该系统的核心原理基于代谢速率动态分析：通过传感器持续监测培养物的荧光信号，以获取不同时间点的生物学状态数据，将代谢速率变化与初始值对比并标准化处理，最终通过算法关联代谢活性与血液含量，实现血量的定量评估。

采血量确定系统的设计原理是在初始时间点测量血培养瓶内血培养物的初始生物学状态，获取血培养物的生物学状态的每一个测量值在第一时间点和第二时间点之间的不同时间点。对多个测量值中的每一个测量值计算各测量值和初始生物学状态之间的规格化相对值，从而形成多个规格化相对值。例如，第一预定的固定间隔可以包括前10个规格化相对值，第二预定的固定间隔可以包括后10个规格化相对值等，直到达到第二时间点。在设定的第一时间点和第二时间点范围内，系统将整个时间段划分为多个固定间隔（如每5min为一组），随后针对每个独立间隔内的所有规格化数据（即相对于初始状态的比值），逐一计算其随时间的变化率（即一阶导数），最终得到反映代谢速率变化的数值集合。例如，在血培养仪中，常见的周期性时间固定间隔模式有1min~20min、5min~15min、30s~10min、8min~12min、10min~12min等。在计算多个平均相对转化值的集中趋势测度之前从所述多个平均相对转化值移除所述多个平均相对转化值中低于第一阈值或高于第二阈值的每个平均相对转化值。

针对每组规格化相对值，计算其一阶导数以量化代谢速率变化，形成速率转化值集合。系统进一步对每组速率转化值进行筛选，剔除超出预设阈值（如异常高/低值）的干扰数据，保留有效值计算平均代谢速率作为核心指标。最终，将处理后的平均代谢速率与预设数据库中的标准模型对比，通过算法关联代谢活性与血液含量，以实现血量的精准评估。该流程通过周期性迭代（如每8min~12min更新一次数据），以确保检测结果能实时反映培养物的动态变化。

以BACTEC血培养物系统为例：BACTEC血培养物系统使用荧光传感器通过以每10min的间隔从位于培养物反应物内部的传感器收集的补偿荧光信号数据流来监测反应物内代谢活动的改变。使用内部接种的培养物研究或在系统的临床评估期间由BACTEC仪器收集。数据被分类并收集到数据库中，并包括培养皿的标识（通过序列号和新添编号）、接种日期记录，以及样本中的血量，随后应用血量测定的数据转化以供分析。数据转化由培养皿信号的初始规格化到特定输出开始，之后每个时间点的荧光信号数据均被转换为相对于初始信号值的百分比，此操作旨在消除初始信号差异的影响，使不同样本的数据可比。在得到规格化相对值序列后，需分析其随时间的变化速率。具体方法是对规格化相对值序列进行一阶导数计算：即每个时间点的速率转化值表示单位时间内规格化相对值的瞬时变化率（如%/min）。例如，若某时刻规格化相对值为105%，下一时刻为108%，间隔10min，则瞬时速率约为0.3%/min。

BACTEC血培养物系统通过荧光传感器每10min采集培养物内部的补偿荧光信号，并将每个时间点的信号值转换为初始信号百分比（规格化相对值）。基于此，进一步计算规格化相对值随时间变化的一阶导数，生成反映代谢速率的瞬时变化值（速率转化值），其定义为70min内荧光信号的百分比变化率。为消除短期波动，系统将前7个速率转化值取平均，得到平滑后的平均速率转化值，用于表征代谢活性的集中趋势。

数据分析显示，培养初期（1h内）信号稳定，背景值从初始的94%微增至95%（归因于血液固有代谢）。规格化相对值在培养8h后显著上升，15h接近126%，而最大平均速率转化值出现在12.8h，对应代谢活性峰值。通过绘制生长曲线可识别关键节点：初始加速度点（信号起始上升）、最大加速度点（速率过零点）、最大减速度点（速率极小值）及生长终点（速率归零）。

该系统通过上述转化方法，可在培养2h~5h内预判代谢趋势，并将平均速率转化值的集中趋势与样本血量关联（数据模型基于改良需氧介质的外部评估数据库）。例如，临床数据表明，最大平均速率转化值对应1h内的最大传感器信号变化率。此过程通过数学方法将荧光信号转化为可直接反映细菌生长活性的指标，为后续判断采血量或细菌增殖阶段提供了依据。

（二）计算机及其外围设备

1. 计算机和相关硬件及软件

血培养仪需要多个检测和监测系统，使每个系统定时读取的信号数据上传到计算机端，计算机软件通过各种算法进行分析，将信号数据和生长曲线关联起来，并做出相应的是否有细菌生长的阳性或阴性报告判断，同时计算机软件会向各系统发送各项指令，进行信号读取或温度控制等。因此，外接计算机除使用软件进行复杂的算法计算外，还需要为血培养仪配置各应用系统所需硬件和软件，主要由控制器局域网总线、微处理器主控模块和上位计算机组成。

（1）控制器局域网总线　控制器局域网具有开放式、数字式、多点通信的特点，其总线是可支持实时控制和分布式控制的串行数据通信协议，在医疗仪器中得到了广泛应用。多通道血培养仪采用控制器局域网总线中的多点分散式控制模式，能快速读取信号的同时还能扩展控制器局域网节点，即检测速度不会因增加培养瓶数量而受影响。

控制器局域网总线将接收到的石英晶体压电传感器信号的频率数据和环境的实时温度数据通过USB接口发送到上位机软件，上位机软件再将控制参数返回传递给其他控制器局域网节点。以64瓶规格血培养仪举例：32个通道只需两个频率检测节点分别控制，每16个通道为一组进行采集测量信号，采用分时测量能更加快速地完成64个通道的扫描。

（2）微处理器主控模块　微处理器主控模块是由一片或少数几片大规模集成电路组成的中央处理器。这些电路执行控制部件和算术逻辑部件的功能，是微型计算机的运算控制部分。它可与存储器和外围电路芯片组成微型计算机。根据微处理器主控模块的应用领域，大致可分为三类：通用高性能微处理器、嵌入式微处理器和数字信号处理器、微控制器。医疗设备中常见的微处理器有Intel Atom处理器，常用于低功耗设备，如便携式血培养仪；ARM Cortex-A系列处理器，常用于高性能计算设备，如桌面式或大型血培养仪；Freescale i.MX系列处理器，常用于医疗设备控制系统和数据采集；TI OMAP 系列处理器，常用于嵌入式系统和便携式设备；Qualcomm Snapdragon 系列处理器，常用于智能手机和平板等移动设备。

血培养仪的微处理器种类和型号会因产品而有所差异，具体选择将取决于厂家的设计和性能要求。嵌入式微处理器之所以能够处理特定应用问题是因为其不仅在特定领域运行专用程序，还配备轻量级操作系统，如 ARM Cortex-A、ARM Cortex-M3 处理器就常用于多孔位的血培养仪。

血培养仪使用的微处理器主控模块在内部集成了局域网控制器，实现了端对端的传输模式。血培养仪选择的微处理器通常有以下优势：

1) 具有性能稳定、集成度高、外围电路简单和成本低的特点。
2) 取值和数据访问能同时进行，运行速度快，可节省内存。
3) 用户可根据能耗和性能要求灵活控制培养时间且能耗低。
4) 实时性好。
5) 能高效执行指令。

（3）上位计算机　大型血培养仪的各项功能最终均由计算机的算法和指令实现，对计算机的参数有详细的要求，参数设置因不同品牌和型号而异，选择计算机参数时需考虑以下几点内容：

1) 处理能力：即每小时能够处理多少数据。
2) 数据存储容量：用于存储血培养瓶的条码信息和对血培养瓶实时监测所得数据的容量大小。
3) 网络连接方式：支持有线或无线网络连接方式。
4) 操作系统：大多数血培养仪使用 Windows 操作系统。
5) 显示屏：具有高分辨率的显示屏，以便用户查看结果。
6) 数据输入方式：可以通过触摸屏、键盘或鼠标等方式进行数据输入。
7) 数据输出方式：可以将数据输出为报告或者导出到其他设备或软件中。

计算机硬件中的核心元件是中央处理器。常见血培养仪使用的计算机处理器型号如下：BACTEC 924 血培养仪采用 IntelAtom 处理器；BacT/ALERT3D+血培养仪采用 IntelCeleron 或者 Pentium 处理器；BD Phoenix M50 血培养系统采用 IntelCore i5 或者 i7 处理器；Virtuo 血培养仪采用 IntelCore i7 或者 Xeon 处理器。

相关的计算机软件如下：

1) 操作系统：如 Windows、Linux 等。
2) 血培养仪自带的控制软件，用于设置试验参数、检测培养过程和分析结果。
3) 数据管理软件：用于存储和查询实验室数据。
4) 数据分析软件：用于对试验数据进行统计分析和可视化处理。
5) 数据库管理软件：用于管理试验数据的数据库。
6) 通信软件：用于与其他设备（如打印机、网络服务器等）进行通信。

血培养仪系统用于判读细菌生长的方法有 4 种：加速度法、速度法、斜率法和阈值法。使用以上几种方法，将连续的监测培养瓶中微生物的生长情况的光电信号等数据进行读取记录,得到自动连续监测设备的核心数据,并绘制微生物生长曲线(见图1-8)。利用算法对该生长曲线进行阴阳性判定,从而快速给出准确的判定结果,省去了人力负担和人工判读的结果偏差。Virtuo改进传统斜率算法为RAUC(曲线下面积)、R2R(读数读取变化)和EI(早期读数分析)三种检测限分析可用于分析原始数据,三种算法结合,可更快地检测微生物是否报阳(见图1-9和图1-10)。因各种算法都有其应用范围,一般不单独采取一种算法,而是采用几种算法分别进行分析计算,避免阳性结果的错判和漏判。下面简略介绍赵明辉等研究的几种算法:

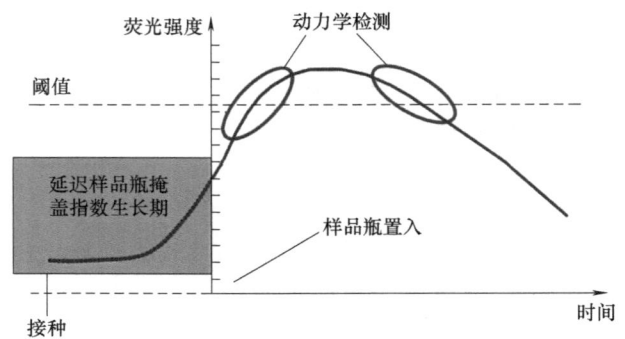

图1-8　微生物生长曲线

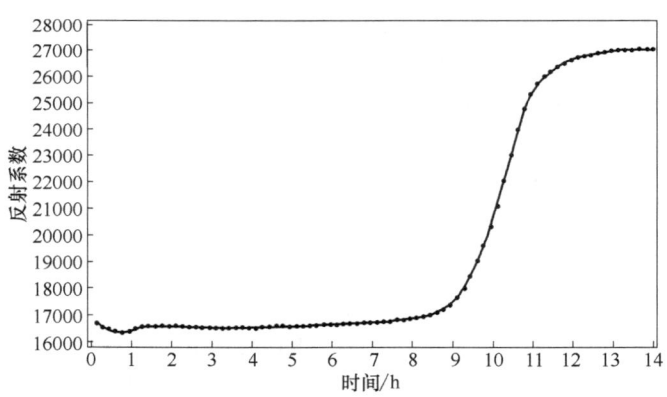

图1-9　Algorithm运算法则1

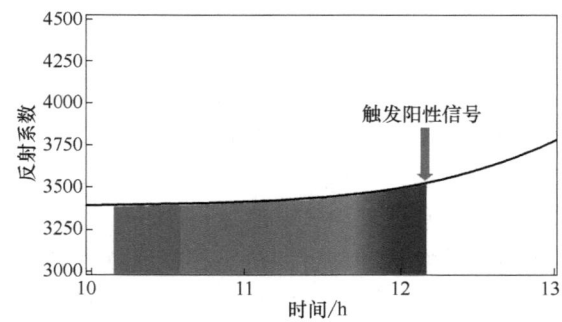

图1-10　Algorithm运算法则2

1）加速度法：算式 $a = A_t + A_{t-2} - 2A_{t-1}$。$a$ 为计算得到的加速度值；t 为测定时间点；A 为测定值；A_t 为时间点为 t 时的测定值；A_{t-1} 为时间点为 $t-1$ 时的测定值；A_{t-2} 为时间点为 $t-2$ 时的测定值。当连续 5 个点的 $a \geqslant 1$ 时判为阳性。

2）速度法：算式 $v = A_t - A_{t-1}$。v 为计算得到的速度值；t 为测定时间点；A 为测定值；A_t 为时间点为 t 时的测定值；A_{t-1} 为时间点为 $t-1$ 时的测定值。当连续 5 个点的 $v \geqslant 7$ 时判为阳性。

3）斜率法：算式 $i = A_t - A_{t-26}$。i 为计算得到的斜率值；t 为测定时间点；A 为测定值；A_t 为时间点为 t 时的测定值；A_{t-26} 是时间点为 $t-26$ 时的测定值。当连续 5 个点的 $i \geqslant 26$ 时判为阳性。

4）阈值法：算式 $m = A_t - 2800$。m 为计算得到的阈值；t 为测定时间点；A 为测定值；A_t 为时间点为 t 时的测定值。当连续 5 个点的 $m \geqslant 0$ 时判为阳性。

注意：以上算法中列举的 A_t 测定值，在不同的检测原理和硬件配置下是不同的，测定值可以是电压值、电位值、光度值、浊度值的一种或多种。

2. 外围设备

一台全自动化且智能化的血培养仪，除了提供合适的培养条件和判断是否有细菌生长外，应具备自动上瓶和卸瓶、阳性瓶报警和阳性瓶转种等功能。近年推出的新一代 Virtuo 全封闭自动化培养系统（见图 1-11），具备自动装瓶功能，不需要开关门即可完成上机培养工作，从而避免了因为频繁开合箱体引起的培养温度波动。在装瓶过程中自动扫码识别、自动监测标本量，并传出血量不足标本，以确保标本质量，提升阳性检出率。培养结束后，自动回收阴性瓶和阳性瓶至指定位置，不需要人工干预，大大地节省了人力资源。

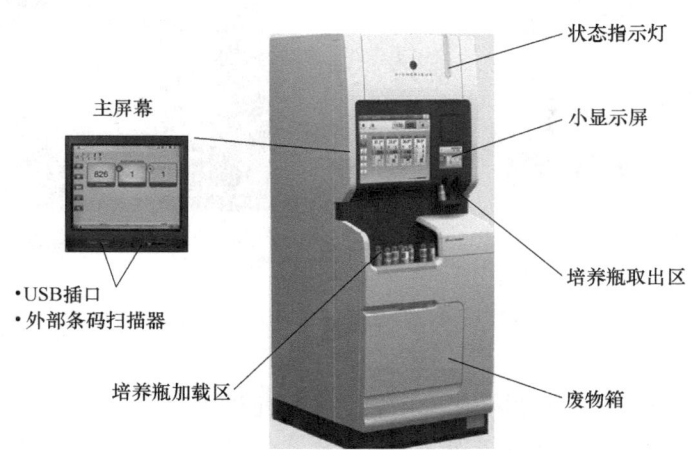

图 1-11　Virtuo 全封闭自动化培养系统

（1）血培养瓶自动取放装置　自动取放装置能自动取放血培养瓶，其结构和部件包括机械臂滑台、连接线、滑板、支承臂、X 轴滑台、固定板、第一气缸、滑动件和抓取装置等，可实现血培养瓶准确定位的上瓶和卸瓶功能（见图 1-12）。其工作原理是：当需要对血瓶进行取放时，起动机械臂滑台，带动顶部的滑板进行滑动，从而实现装置前后位置的移动，接着通过导向件的滑动进行左右位置调节，然后滑动件的上下移动带动底部的抓取装置移动到需要夹取血瓶的位置；到达位置后，起动抓取夹进行拉动，抓取夹在被拉动过程中向右闭合，即可配合固定架对血瓶进行夹取。

（2）条码读取器　血培养瓶的数据录入采用扫描条形码识别标本，培养瓶上采用双条形码技术（见图1-13），可连接实验室信息系统（LIS）、医院信息系统（HIS），自动记录病人信息，并可直接查询患者样本的培养结果及生长曲线。

图1-12　自动取放装置应用图

条码读取器使用了光学装置将条码的条空信息转换成电子信息，再由专用译码器翻译成相应的数据信息（见图1-14）。条码读取器由光电转换器、放大整形电路、整形电路等组成，译码器把从整形电路中获得的脉冲数字信号翻译成对应的数字和字符信息，而条码符号的码制及扫描方向是通过识别起始、终止字符来判别的。根据码制所对应的编码规则，翻译后的数字和字符信息将传送到计算机系统进行数据处理与管理，从而将条码信息转换为数字信息。

图1-13　条码读取器

图1-14　译码器

（3）报警提示系统　血培养仪的报警提示系统，一般可提供声、光、色三级报警提示，主要应用场景如下：

1）血培养瓶实时监测结果为阳性时，使用声光提醒工作人员。

2）血培养仪有放瓶或取瓶错误、读数错误、仪器故障等情况发生时，使用声光提示工作人员。

（4）自动转种系统　当血培养仪报阳后，应及时进行转种到相应培养基。目前多数医院采用人工进行转种，自动化程度低，劳动强度高，易对医护人员造成感染。拥有自动转种系统的全自动化血培养仪具有以下特点：

1）实现血液样本在任意时间内转种，即使在无工作人员的夜间，也能做到阳性瓶可第一时间转种培养，无缝衔接，从而快速获得单个菌落，缩减判断病因时间。

2）自动转接不同的培养基，并放置到相应的普通培养箱及 CO_2 培养箱中。

3）整个过程是全封闭式样本转移，与外界隔离，最大限度地切断了感染途径。

4）转种系统配备有完善的内环境灭菌装置，以及达到生物Ⅱ级安全的紫外杀菌功能，从而保证了仪器的无菌环境。

自动转种系统的结构包括：用于存放细菌分离培养仪的细菌分离培养仪仓库、用于存放取样器的取样器存放装置、用于存放血培养瓶的血培养仪、桁架机械手、分离培养仪移载装置、血培养瓶移载装置和取样加样装载区（见图1-15），取样加样装置之间设有血培养瓶移载装置传输臂（见图1-16）和取样器阵列分配器（见图1-17）。当血培养仪器报阳时，桁架机械手会将阳性血培养瓶从血培养仪中取出，并放置在血培养瓶移载装置上，运输到取样位；取样加样装置从取样器存放装置中取出取样器，取样器的针头插入阳性血培养瓶中，从而完成取样；桁架机械手从细菌分离培养仪仓库中取出细菌分离培养仪，并放置到分离培养仪移载装置上，运输到加样位；取样加样装置将取样后的取样器插入细菌分离培养仪中，注入样本，完成加样。分离培养仪机械手把样本（厌氧）接种到固体培养装置，然后移动到细菌分离培养仪中，进行划线培养。分离培养完成后，打印机打印病人信息，将信息粘贴于分离培养装置，从而实现信息转移（见图1-18）。

图1-15 装载区

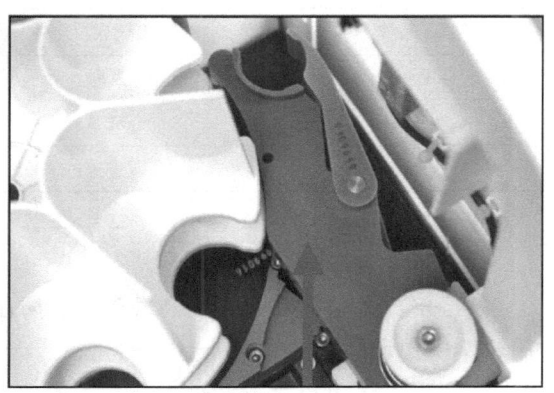

图1-16 传输臂

图1-17 分配器

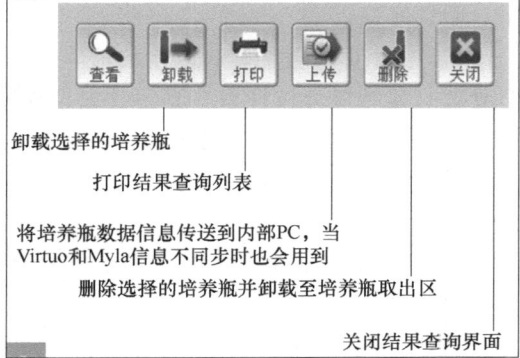

图1-18 自动信息转移界面

二、配套血培养瓶及相关成分

(一) 商业化血培养试剂迭代历史

血培养瓶从实验室开始使用自制玻璃瓶,到商业化供应,其基本营养成分的组成大致相同,根据血培养瓶的不同用途,会添加特殊因子或营养成分,从而制作成特殊细菌培养瓶。几乎所有厂家的血培养瓶都是从无抗生素吸附剂开始的,后来添加了吸附剂的培养瓶逐渐替代了无添加吸附剂的培养瓶。

迭代后的含专利树脂的FAN PLUS系列着重提升了对部分二代头孢、喹诺酮类、糖肽类和部分抗真菌药物的吸附能力;但是三四代头孢菌素(头孢曲松、头孢他啶和头孢吡肟)及碳青霉烯类(主要是美罗培南)的吸附问题是所有制造商都面临的挑战。美国BD公司推出的Lytic系列培养瓶含皂素等表面活性剂能释放出被白细胞吞噬的细菌,在检测血液中分枝杆菌、酵母样真菌和丝状真菌方面,有优异的临床表现。目前国外一些血培养仪的主流品牌的血培养瓶的迭代系列见表1-1。

表1-1 血培养瓶的主流品牌的发展

品牌	第一代	第二代	第三代
Biomerieux	SA 系列	FAN 系列	FAN PLUS 系列
BD	Standard 系列	Aero Plus 系列	Lytic 系列
Thermofisher	Redox 系列		

(二) 血培养瓶的制作要求

1)培养瓶采用高透光、高气密性、防压防碎、防污染设计的玻璃瓶、塑料瓶或树脂瓶,以保证运输途中血培养瓶的完整。

2)培养瓶内不含荧光指示剂、产色剂等成分,更加有利于细菌的生长增殖。

3)培养基的容量应尽量大,从而使营养成分丰富,细菌生长繁殖旺盛,报阳时间早、阳性率高。

4)有针对不同类型病原体的培养基,其含有特殊的生长因子,有利于一般细菌、苛养菌、非结核分枝杆菌、真菌、人型支原体等的生长。

5)注入的血液样本能被培养基8~10倍稀释,以消除抗生素对细菌生长的影响。

6)保障细菌对数生长持续期长,有效避免肺炎链球菌等细菌的自溶现象,有利于延时转种。

7)厌氧培养瓶密闭性能良好,厌氧环境稳定,厌氧菌生长快,报阳时间早,厌氧菌阳性率高。

8)培养瓶采用定量负压设计,能防止内部液体溅出,便于直接采集样本。

9)培养瓶常温保存,保质期时间长,有效保质期至少12个月。

10）瓶身应尽量小巧轻便，便于运输，从而降低运输和储存成本。

(三) 瓶身材质

1) 钢化玻璃。
2) 透明塑料，如多层聚合纤维、多聚碳酸酯等。
3) 树脂材料。

对血培养瓶瓶身的质量要求包括：能耐受"高压灭菌"，保证透明性（瓶内容物可视），可严格防止气体渗入，不易破碎。

(四) 血培养瓶内添加成分

在自动培养仪发展的基础上，调整培养基成分也是提高感染病原微生物的检出效率的重要因素。针对不同的细菌，所加的物质也是不同的，随着全自动血培养系统的广泛应用，培养基也在不断改进，向高营养、多品种方向发展，一般为在脑心浸液或胰酶大豆汤等基础上附加其他营养成分和其他各种起到不同作用的成分。

1. 吸附剂

已经接受抗生素治疗的病人血液标本中会含有抗生素，导致血培养过程中病原菌生长速度缓慢，错过最佳的抗感染治疗调整时机。培养基中加入活性炭或树脂可以帮助吸附掉取样前的抗生素，从而帮助更快地检测到微生物的复苏。

（1）活性炭　活性炭是一种小分子吸附剂，吸附抗生素能力一般，且为黑色，不容易下沉，如果不进行离心操作，对后期染色镜检会产生干扰，且不利于阳性血培养瓶中的血液直接在质谱仪中鉴定血中的细菌。

活性炭血培养瓶以 BacT/ALERT FAN 为代表。根据文献报道活性炭瓶相比于未添加抗生素中和剂的标准血培养瓶能提高阳性检出率。尽管在检测时间上活性炭瓶和标准瓶没有明显差异，但是在金黄色葡萄球菌、凝固酶阴性葡萄球菌、酵母菌等的检出率上，活性炭瓶有明显优势。

（2）树脂　采用特殊树脂吸附剂，可吸附标本中可能携带的抗生素，并破碎吞噬细胞，释放已被吞噬的细菌，提高阳性检出率。大分子树脂能较全面吸附抗生素，吸附能力比活性炭强，且对后期染色镜检不会产生干扰，使用阳性血培养瓶中的血液直接在质谱仪中鉴定血中的细菌的检出率，远高于使用活性炭作为吸附剂的血培养瓶。一般制造商的商业化培养瓶中会含有两种广泛使用的树脂，但比例上会有差异。常用的有大孔网状树脂（见图1-19）和阳离子交换树脂（见图1-20）。

树脂血培养瓶以美国 BD 公司生产的 BACTEC Aero Plus 和法国生物梅里埃公司生产的 BacT/ALERT FAN Plus 为主要代表。其中 BacT/ALERT FAN Plus 还添加了能够吸附碳青霉烯类抗生素的专利化学吸附剂。树脂瓶与活性炭瓶相比具有更佳的病原菌检出性能和更短的报阳时间，BacT/ALERT FA Plus 和 FN Plus 均显著加快了金黄色葡萄球菌和总微生物的生长恢复，相比活性炭瓶检出时间缩短2h。目前血培养仪通常提供3种不同途径来吸附抗生素，以实现最佳抗生素吸附效果（见图1-21）。

图1-19 大孔网状树脂实物图

图1-20 阳离子交换树脂实物图

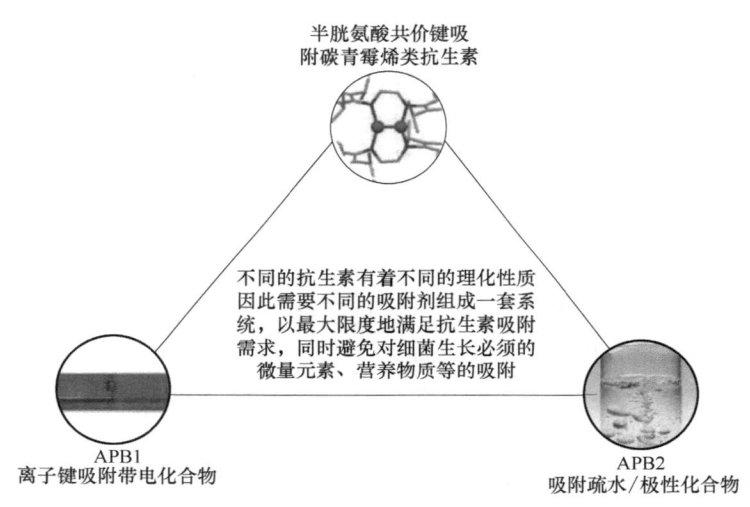

图1-21 多种吸附剂以实现最佳抗生素吸附效果

2. 培养基通用成分

1)大豆酪蛋白消化肉汤（TSB）或脑心浸出液、蛋白胨/胰酪胨等：提供氮源或碳源。

2)氯化血红素：提供铁离子。

3)聚茴香脑磺酸钠（SPS）或丙烯基磺酸钠（SAS）：抗凝、抗补体、抗吞噬、抗氨基糖苷类药物活性。

4)葡萄糖或蔗糖：提供能量和碳源，其中蔗糖可促进L型细菌生长。

5)酵母提取物：补充氨基酸。

3. 培养基补充成分

1)维生素类（VB_6、VK等）：可使某些营养缺陷型链球菌复苏，促进细菌生长。

2)碳酸氢钠：提供碳源，同时维持培养基pH值在适合范围，并提供部分CO_2。

3）巯基乙酸钠：还原剂，减少氧分子对细菌伤害。

4）溶血素（磷脂酰肌醇酶C、α-溶血素、β-溶血素）：溶解细胞，有利于胞内菌释放，如真菌和分枝杆菌。

5）L-精氨酸：为细菌提供营养和生长所需的氮源，并能促进细菌生长和增殖。

6）三羟甲基氨基甲烷（tris）：稳定血液样品的pH值，使其处于适合细菌生长的范围。

7）烟酰胺腺嘌呤二核苷酸：一种辅酶，提供微生物所需的营养物质，促进细菌生长和增殖。

8）盐酸半胱氨酸：提供半胱氨酸来促进细菌产生硫化氢（H_2S）。

4. 中和剂

1）对氨基苯甲酸。

2）$MgSO_4$。

3）吐温80。

5. 指示剂

1）酸碱指示剂：溴甲酚绿、溴甲酚紫、麝香草酚蓝、二甲苯酚蓝、间甲酚紫、甲酚红或石蕊。

2）荧光指示剂：副玫瑰红、荧光素、磺基罗丹明B、罗丹明B、赤藓红、香豆素。

6. 气体

1）氧气（O_2）。

2）氮气（N_2）。

3）二氧化碳（CO_2）。

通常使用两种或两种以上气体进行填充，为优化血培养瓶气体配比，会加入专用特种气体，以提高增菌能力及苛氧菌检出率。

(五) 血培养瓶制作步骤

1）配置培养液，将通用营养成分、根据不同培养基种类选择不同的补充营养成分、抗生素中和剂等，按照规定的配比，分别称重取样，加入定量的去离子水或蒸馏水中煮沸溶解，定容至所需体积，并将pH值调至7.2±0.2。将培养液的混合溶液搅拌均匀后加入培养基制备器，湿热环境下灭菌，备用。

2）吸附树脂的预处理，新购进的大孔树脂用自来水反复冲洗后装入树脂柱，用乙醇浸泡过夜后用去离子水清洗至流出液无白色浑浊，酸洗-碱洗至pH中性。阳离子交换树脂按照酸-碱-酸的顺序，阴离子交换树脂按照碱-酸-碱的顺序进行预处理。

3）将硅橡胶按照厂家指定的比例混合后，加入相应的指示剂溶液，用电子搅拌器搅拌均匀后，灌装至底部设有CO_2传感器和选择性渗透CO_2膜的培养瓶中，形成5mm厚的传感层，按规定时间静置脱泡，并在规定的温度和时间进行固化和灭菌处理，备用。

4）向培养瓶中加入至少两种经过预处理的吸附树脂，按比例称重后，向瓶中加入备用的液体培养基 25mL、30mL 或 40mL，加塞压盖密封，灭菌。

（六）血培养瓶种类

血培养瓶种类较多（见表 1-2），有需氧培养瓶、厌氧培养瓶、儿童专用培养瓶、中和抗生素培养瓶、分枝杆菌培养瓶、高渗糖培养瓶（见图 1-22）等。可根据临床需要灵活选用。

表 1-2 血培养瓶规格

中文名称	采血量/mL	培养基体积/mL	适用标本
需氧培养瓶	3~10	25	未使用过抗生素患者的标本
厌氧培养瓶	3~10	25	未使用过抗生素患者的标本
儿童专用培养瓶	1~3	25	儿童或其他采血困难的标本
中和抗生素培养瓶	3~10	25	已使用过抗生素患者的标本

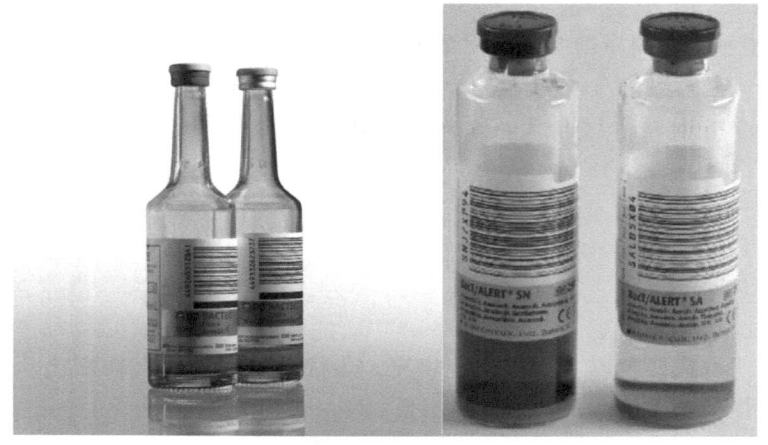

a) 美国BD公司需氧瓶、厌氧瓶　　b) 法国生物梅里埃公司厌氧瓶、需氧瓶

图 1-22 血培养瓶举例

1. 需氧培养瓶

用于定性地培养和检测来自血液和其他正常无菌体液中的需氧微生物（细菌和真菌）。主要组成成分：需氧微生物培养瓶。培养基的构成是由酪蛋白胰腺消化物、豆类食物木瓜蛋白酶消化物、多聚茴香脑磺酸钠、维生素 B6-HCl、多种氨基酸及提纯水中的碳氢酶解物。培养瓶在真空下加入氧气和 CO_2 气体。培养基的成分组成可按照特殊的要求进行调节。

2. 厌氧培养瓶

用于定性地培养和检测来自血液和其他正常无菌体液中的厌氧和兼性厌氧微生物（细菌）。主要组成成分：厌氧和兼性厌氧微生物培养瓶。厌氧和兼性厌氧微生物培养瓶包含 40mL 的培养基，用于检测（微生物生长的示踪剂）CO_2 的内部传感器，培养基的成分有酪蛋白胰酶消化物、豆类食物木瓜蛋白酶消化物、多聚茴香脑磺酸钠、甲萘醌、血晶素、酵母提取物、维生素 B6-HCl、丙酮酸（钠盐）、还原剂和其他混合氨基酸及提纯水中的碳氢酶解物。培养瓶在真空下加入氮气和 CO_2。培养基的成分组成可按照特殊的要求进行调节。

3. 儿童专用培养瓶

用于在微生物培养监测系统上对儿童（<12 岁）血液中的需氧和兼性厌氧微生物（细菌和酵母菌）进行培养和定性检测。主要组成成分：儿童一次性培养瓶内含有 3mL 复合培养基和 ≥1.6g 聚合物吸附珠。在生产时，培养基包括以下反应组分：蛋白胨、生物提取混合物、抗凝剂、维生素和氨基酸、碳源、微量元素。培养瓶中为含混有 N_2、O_2 和 CO_2 的真空环境。可调节培养基的组成，以符合特定培养要求。

4. 中和抗生素培养瓶

根据剂量-水平和样本采集时间的不同，培养瓶培养基在标准剂量（如 10mg/L）和最佳采集时间窗口（如药物暴露后 2h 内）的条件下，能够通过吸附珠的靶向结合作用完全中和残留抗菌药物（基于微生物培养试验中 100%的检出率验证）。这些试验中，在接种敏感菌株过程中，将抗菌药物以临床相关浓度直接加入培养瓶内。利用非中和培养基作为对照，通过平行试验确认抗菌药物的有效性。以下类别中的抗菌剂会被所述培养基中和：青霉素类、甘氨酰环素类、多烯类、大环内酯类、三唑类、棘白菌素类、头孢唑啉、头孢西丁、头孢洛林、氨基糖苷类、氟喹诺酮类、林可酰胺类、糖肽类和噁唑烷酮类。对头孢他啶或头孢吡肟未达到抗生素中和作用。对头孢噻肟和头孢曲松不能完全中和。头孢噻肟的中和范围为 50%PSL（最高血药浓度水平）到 2% PSL，具体取决于微生物种类。头孢曲松的中和范围为 50% PSL 到 1% PSL，具体取决于微生物种类。抗菌中和性能取决于培养瓶内的成分组成，不由 BacT/ALERT 微生物检测系统的分析算法确定。在微生物检测系统上检测了上述 4 个类别中代表性的抗菌剂，以确认培养瓶中和性能。证实了可中和阿米卡星、哌拉西林、万古霉素和伏立康唑。试验证明，仪器系统对培养瓶抗菌中和性能无影响。

5. 分枝杆菌培养瓶

冻干添加剂配方包含两性霉素 B、阿洛西林、萘啶酮酸、多粘菌素 B、甲氧苄氨嘧啶、万古霉素和填充剂（处理之前添加）。添加剂的成分可根据具体的性能要求进行调整。使用 10mL MB/BacT 复溶液进行复溶，复溶液由油酸、丙三醇、苋菜红和牛血清白蛋白溶于过滤水组成。每个培养瓶总共含有 15mL 的填充体积，复溶液的成分可根据具体的性能要求进行调整。培养基配方：Middlebrook7H9 肉汤、胰酶消化酪蛋白胨、牛血清白蛋白、过氧化氢酶和过滤水。培养瓶含有 10mL 培养基，于真空条件下以 CO_2、N_2 和 O_2 的混合气体填充。培养基的成分可根据具体的性能要求进行调整。

6. 高渗糖培养瓶

适用于血液、骨髓、胸水等标本中的 L 型细菌的增菌培养。主要组成成分：牛肉膏 500g、蔗糖 150g、氯化钠 30g、蛋白胨 10g、KH_2PO_4 0.3g、$Na_2HPO_4 \cdot 12H_2O$ 0.14g、蒸馏水 1L。取去除了筋膜和脂肪且绞碎的新鲜牛肉 500g，向盛肉的容器中加入 1000mL 清水混合后置冰箱浸泡过夜；从冰箱中取出泡好的肉和浸液保持煮沸 30min，然后用麻布或绒布挤压出浸液，过滤掉肉碎末；在过滤液中边加热边溶入蛋白胨和氯化钠来调整 pH 值为 7.4~7.6，在加热过程中补足因蒸发而失去的水分；最后用滤纸再次过滤后分装成小瓶，高压蒸汽灭菌时条件为 115℃、20min，以免蔗糖分解。

（七）商品化产品

不同品牌和厂家生产的血培养瓶具有各自的特点和优缺点。

1. 常见的血培养瓶

目前美国 BD 公司在售的血培养瓶包括：标准瓶，不含树脂（需氧、厌氧）；Plus 系列，含树脂（需氧、厌氧、儿童专用）；Lytic 系列，不含树脂，含有溶血剂（厌氧、分枝杆菌和真菌）。几点说明如下：

1) 树脂对标本内的抗生素有吸附作用，建议对来源于使用过抗生素患者的标本均应采用树脂瓶。

2) Myco/F 可增加在分枝杆菌、真菌血症等方面的检测能力，主要是针对免疫缺陷患者。

3) 可出售单独的 FOS Kit（V 和 X）用于增加苛养菌复苏。

4) 可兼容 9000 和 FX 系列。

法国生物梅里埃公司目前在售的血培养瓶包括：标准瓶，不含树脂（儿童专用、需氧、厌氧）；FAN 系列，含硅藻土和活性炭（儿童专用、需氧和厌氧）；Plus 系列，含树脂（需氧、厌氧、儿童专用）；MB 和 MP 系列，专用于分枝杆菌的培养，需注意在血培养瓶使用说明书中的儿童血培养瓶未提及可进行除血液外的无菌体液里的真菌和细菌培养。

Thermofisher 在售血培养瓶包括：Redox 1（需氧）、Redox 2（厌氧）和 Myco（结核）。备注说明如下：

1) 可通过稀释作用减少抗生素干扰。

2) 仪器及培养瓶获得了 FDA、CE 及国内 SFDA 的批准。

2. 优缺点比较

（1）BACTEC　BACTEC 血培养瓶采用了非破裂式设计，可有效防止超融合现象的发生，且在检测细菌生长的速度和灵敏度方面表现出色。

（2）BacT/ALERT　BacT/ALERT 血培养瓶也能够有效避免超融合现象的发生，同时该类瓶可视性好，便于观察瓶内细菌生长情况。

（3）VersaTREK　VersaTREK 血培养瓶采用了特殊的树脂材料，可以快速吸收和释放氧气，加速细菌生长并提高检测灵敏度。

（八）储存条件和有效时间

1) 法国生物梅里埃公司血培养瓶：培养瓶在 15℃~30℃条件下，避光直立储存，有效期 12 个月。

2) 美国 BD 公司血培养瓶：2℃~25℃保存，避免光直射，有效期 9 个月。

3) 郑州安图生物工程股份有限公司血培养瓶：2℃~25℃避光储存，有效期 18 个月。

4）珠海迪尔生物工程股份有限公司血培养瓶：15℃~30℃条件下，避光直立储存，有效期12个月。

5）山东鑫科生物科技股份有限公司血培养瓶：4℃~30℃干燥避光保存，有效期12个月。

（九）血培养瓶的真空采血装置

目前通用的血培养瓶大部分为树脂瓶，瓶口处固定有橡胶塞，橡胶塞上方以塑料盖保护。采集标本时，需打开塑料盖，用消毒剂消毒塑料塞，然后插入针头，将血液注入瓶内。血培养瓶设计了一种利用负压注入血液到培养瓶中的装置，通过内外气压的差值，使血液能够顺利地注入其中，但是，在使用过程中，如果瓶子漏气，瓶中将不会呈现负压状态。

三、"卫星式"血培养

"卫星式"血培养，是近年来的一个新兴概念，是相对于微生物实验室的"中心式"血培养而言的，是指在微生物实验室非工作时段，如晚班及周末，传统血培养送检模式容易导致血培养瓶延期上机。将操作简便、具有联网功能的血培养设备直接放置在可以24h接收血培养标本的临床科室，如急诊检验、ICU病房等，可以在采集血培养标本后直接将培养瓶放入仪器进行检测，显著缩短了等待的时间，加快了报告的流程，更加有利于临床的诊疗。由于"卫星式"血培养可以放置在ICU或急诊科等临床科室，因此也称"床旁血培养"。即在除医院微生物实验室以外的一些临床科室内设立小型的血培养系统，以满足标本及时送检的要求，从而提高血培养的检出速度。国外已有报道将一台全自动血培养装置放置于微生物检验实验室之外进行24h的卫星式血培养，与传统的按照微生物实验室工作时间进行"中心式"血培养相比，从样本收集到检测到微生物生长的时间平均缩短了10.1h，临床首次抗生素处方调整时间也由原来的64.0h缩短为42.8h。卫星式血培养将血培养系统置于实验室之外的临床科室，使血培养操作不再受实验室工作时间的限制，同时也减少了标本运输中可能出现的延迟，对于缩短检出时间和提高效率非常有利。卫星式血培养尤其适合于一些可能需要24h进行标本采集的临床科室，如急诊或者重症监护病房。

具体采用灵活模块式设计，根据可放置培养瓶的数量不同分为24瓶、60瓶、120瓶、200瓶等。整个卫星式血培养由控制模块和组合模块构成。

1）控制模块，控制多个孵育模块。

2）组合模块，既可以单独使用，也可以控制多个孵育模块。

（一）常见模块规格

1. 24瓶模块单元

适合血培养标本量较小的用户，在满足当前检测量的基础上，可通过模块的扩展来满足实验室未来标本量增加的需求。目前更多放置在二级乡镇级医院中使用，为用户分阶段装备不同容量提供可能，节省用户费用。且24瓶模块单元小而轻便，占用空间少，此外还可放置在标本量较少的各临床科室使用。

2. 60瓶模块单元

多放置在二级中医院或综合三级医院的临床重点科室。采用先进的独立模组恒温控制设计，不同模组可根据需要设置为不同的温度。

3. 120瓶模块单元

满足国内大多数普通三级医院的通量需求，后期还可以根据送检量的增加进行瓶位的扩展。

4. 200瓶模块单元

对于综合性的三甲医院，以及拥有1500张床位的三甲医院，血培养的数量为每天40瓶~50瓶，可用于通量检测。

（二）卫星式血培养的特点

1）快速准确地发出血培养结果，对临床诊疗及预后起到十分重要的作用。

2）可与检验科中心血培养系统进行物联，阳性标本送到检验中心进行进一步处理，阴性标本转到检验中心持续培养数据不中断。

3）模块化设计，最多可实现一主机托多分机。

第三节　血培养仪的应用分析

一、临床应用

人体血液中包含着溶菌酶、补体、白细胞、免疫球蛋白等多种免疫物质，正常情况下，当微生物侵入人体进入血流时，人体免疫系统防御功能会启动体液、细胞免疫，并在几分钟内将其清除。从前，临床通过患者症状、血培养阳性结果来诊断菌血症、毒血症、败血症、脓毒血症较局限片面，故现已用菌血症或血流感染来替代。近年来，伴随一些创伤性诊疗技术如体外膜氧合（ECMO）、支气管镜探查、肺泡灌洗等诊疗技术的不断发展，越来越泛滥的广谱抗生素和激素的应用，人口老龄化等各种因素，伴有免疫功能抑制、静脉插管患者等具有高风险血流感染的人数增加使得血流感染的发生率也随之增长，血培养仪在血流感染中的应用更为广泛。

血流感染（简称BSI）是指由各种病原微生物（细菌或真菌、支原体、衣原体）和毒素侵入血流形成的感染。主要临床表现有：骤发高热伴寒战，呼吸急促和心动过速，皮疹，肝脾肿大及精神、神智改变等一系列严重临床症状，严重者可引起弥散性血管内凝血（DIC）、多脏器功能衰竭甚至休克的发生，从而造成不可逆的后果危及病人生命。

血培养是临床微生物学实验室检查中最重要的检查之一，是诊断BSI、菌血症的金标准。细菌在生长过程中释放出CO_2等气体触发血培养瓶内的压力传感器、乳胶感应器或直接作用于瓶中物质使瓶底发生颜色改变，这些改变通过血培养仪系统运算模式标记成阳性瓶。

在临床中，血培养仪的应用可分为以下两大类：

1. 以临床诊断为目的

临床诊断过程中，常常遇到不明原因感染、发热的病人，依据血液培养技术用于血流感染诊断临床实践专家的共识及临床微生物实验室血培养操作规范等相关规定中的内容，基于患者的年龄、急诊或非急诊、临床表现、临床诊断等情况下建议应进行血培养检查。具体情况如下：菌血症、BSI 和导管相关性血流感染（CRBSI）、动脉瘤和人工置管感染、心包炎和心肌炎、脑膜炎、脑炎、牙源性和口咽菌群引起的口腔及邻腔软组织感染、医院获得性肺炎、肺部感染、腹腔弥漫性感染、局部关节感染和严重细菌性肺炎、骨髓炎、肾盂肾炎、蜂窝织炎伴严重并发症或社区严重脓毒症。成人首次血培养 48h～72h 阴性后，如果病人病情持续或加重，临床症状始终指向菌血症或不能将菌血症除外，建议隔 24h～48h 重复进行 1 次～2 次血培养，每次 2 套 4 瓶。在成人患者导管相关性感染中，有静脉导管的患者出现不明确其他感染源且有或无局部感染的情况下出现发热、寒战、其他脓毒症迹象的；或有静脉导管的患者，出现皮肤定植微生物引起的持续性或复发性菌血症的情况，微生物血源性播散导致脓毒性栓塞；对疑似或确诊早期新生儿脓毒症的患者，建议进行脐带血血培养。新生儿有以下体征或疑似疾病时：体温升高或降低、心率和呼吸频率加快、血糖异常、炎症指标如白细胞计数升高或降低、CRP（C 反应蛋白）升高、PCT（降钙素原）升高、IL-6（白介素-6）升高，新生儿母亲分娩时胎膜早破、疑似绒毛膜羊膜炎、白细胞增多、CRP 升高、持续性发热体温高于 38℃、孕期生殖道及直肠 B 群链球菌定植，判断为新生儿病情不稳定或恶化等临床症状和体征的应进行静脉血培养，注意考虑同时进行脑脊液培养（可直接注入培养瓶）。患者确诊结核或非结核分枝杆菌感染，疑似经血流播散，并发心包炎和心肌炎或突发脓毒症状态或全身炎症反应状态，不能用其他原因解释，建议进行分枝杆菌血培养；同时感染人类免疫缺陷病毒（HIV）与结核分枝杆菌的住院患者突然出现一个或多个世界卫生组织（WHO）确定的危险体征包括：呼吸频率 >30 次/min、体温 >39℃、心率 >120 次/min、白细胞分化抗原 4 计数低于每微升 100 个细胞、无法独立行走，预测结核分枝杆菌血流感染的概率较高，建议进行结核分枝杆菌血培养。以下临床表现，具体包括免疫功能正常的社区获得性肺炎患者轻度发热、手术治疗后限定时间内发热的、孤立性发热、明确原因的非感染性发热、长期照护机构内大部分住院患者的轻度临床表现，不建议血培养。及时的血培养对临床诊治血流感染的意义重大。

2. 以临床治疗为目的

临床治疗中，医生通常需要依据疾病进展、血培养结果及抗微生物药物敏感试验为确诊菌血症或 BSI 的患者更换抗微生物药物。如危重症患者生命体征等持续不稳定的，在继续、升级或停用抗微生物药物之前；高度怀疑或确诊的因导管引起的相关性感染而不能拔出者；免疫功能受损的患者持续性菌血症；感染有可能发展为多重耐药的细菌引起的血流感染如金黄色葡萄球菌、路灯葡萄球菌、念珠菌、非结核分枝杆菌等持续性菌血症的。如若不参照抗微生物药物敏感试验盲目进行更换抗微生物药物属滥用抗生素行为，会耽误患者治疗并危及患者生命。

二、工业应用

（一）药品无菌快速检查

无菌检查是对药典要求的无菌的药品、生物制品、医疗器械、原料、辅料及其他品种是否无菌的一种方法。最早在1932年英国药典中即出现了无菌检查法，我国的第一部药典（1953年版）也收载了此法，在一直修订的国内外各个版本的药典中，对无菌检查法同样进行了多次修订。目前对无菌检查法的操作规范基本统一为：通过观察培养基是否浑浊来判断产品的无菌情况，要求培养周期不少于14天。该法无须借助仪器且用途广泛，但也有一些限制，观察浑浊程度受操作人员的经验影响，主观性较大，且需要不断反复观察，费时费力，较长的培养周期在遇到重大药害事件时时效捉襟见肘。国内外均有因未及时严格质检使带菌药品等生物制剂流入市场造成人员伤亡的药害事件报道，如我国曾发生一起因某药企未按照相关规定批准的工艺参数进行灭菌，擅自进行降低灭菌温度、缩短灭菌时间、增加灭菌柜装载量等操作，加之企业并未把好产品质检关，使带菌药品流入市场，最终造成11人死亡的重大药害事故。随着技术的发展，在各国药典和相关法规的鼓励下市面上涌现了许多新技术应用在微生物领域，如聚合酶链式反应（PCR）技术、三磷酸腺苷（ATP）发光检测技术、pH/CO_2电阻检测等，这些快速微生物检测技术有效地提升了药品微生物的检出效率，缩短了检测时间。全自动血培养系统目前常用于临床，也在逐渐应用于工业上的无菌样品的检测。国内学者厉高憨等人选择包括注射剂和滴眼剂在内的数种无菌制剂等，使用赛默飞VersaTREK®全自动血培养仪参照《中华人民共和国药典》第三部（2020版）通则1101《无菌检查法》中对混悬液等非澄清水溶性液体的无菌检查要求，采用替代方法对1101通则中的指导原则的有关内容进行验证研究，对VersaTREK®快速微生物检测系统进行了专属性、检测限、重复性和耐用性评估，各参数的验证结果表明快速方法不劣于药典方法，即选择全自动血培养系统快速检查法可作为药典无菌检查的替代方法用于特定细胞产品的快速放行。如果发生无菌检查出现阳性结果的情况，应及时对生产过程进行检查，并提出相应的纠正/预防措施。

（二）细胞和基因治疗产品无菌检查

近年来，因诊疗技术水平的提升及治疗需要，国内细胞和基因治疗产品迎来快速发展阶段，逐渐从分子治疗时代迈入细胞治疗时代，因其在肿瘤领域临床研究中取得的显著疗效而成为国内外研究的热点。但该类制品与传统无菌药品相比有所不同，如细胞和基因治疗产品，存在工艺差异性大、产量少、效期短、临床需求紧迫等特殊性，传统的药典无菌检查法因耗时较长难以适用，需要对细胞产品进行快速检测。例如作用于癌症的CAR-T疗法（嵌合抗原受体T细胞免疫疗法），经研究表明CAR-T治疗是目前非常有前景的一种抗肿瘤细胞免疫疗法，在多种实体肿瘤的治疗中已经取得了研究进展，在血液肿瘤治疗中有良好的疗效。在临床上，CAR-T细胞的治疗首先需要收集患者的外周血并富集T细胞，T细胞在体外进行刺激扩增并通过病毒载体转入特定的CAR基因，被称为CAR-T，随后CAR-T再回输给患者。虽然14天培养法是药典上所述的无菌检查的经典方法，但该法不适用于生产后需在短时间内输注给患者的CAR-T细胞治疗产品。而血培养仪则适用于CAR-T细胞在输注给患者前的无菌检查，检查方法是在培养开始后3天~4天起每间隔一定时间取培养液注入血培养瓶中监测是否有细菌生长，如果在细胞制备的早期发现有污染的情况，应终止该批细胞产品的继续制备。

三、畜牧养殖产业防疫应用

我国是农业大国，不仅粮食产量丰富，畜牧养殖业也是国民经济发展的重要组成部分。因此，相关防疫部门做好人、兽共患病的疫情检测，是我国畜牧养殖业稳定发展的重要保障之一。

（一）布鲁氏菌病（以下简称布病）

当前WHO认为布病是易被忽视的人畜共患病之一，其感染途径是布鲁氏菌属通过体表皮肤黏膜、消化道、呼吸道侵入机体，该病好发于与病畜接触的畜牧兽医，饲养放牧人员、布病专业工作者（如布病流调人员）、畜产品加工企业工人等，属于《中华人民共和国传染病防治法》规定报告的乙类传染病。布鲁氏菌属中有多种分型，其中，沙林鼠种布鲁氏菌毒力较低，对人、畜基本无致病作用；绵羊附睾种布鲁氏菌仅对羊致病，常见的人、畜共患的种是羊、牛布鲁氏菌。相关研究表明布病曾在亚洲、非洲、拉丁美洲、中东等地屡次出现流行高峰。由人和人之间传播的致病微生物（如细菌、病毒）引发的群体性感染事件在我国绝大多数省市都有不同程度的发生和流行，20世纪50年代及60年代最严重，于20世纪70年代、80年代显著下降后在20世纪90年代逐渐回升，21世纪后疫情回升趋势愈加严重。2014年布病高峰波及了5个以畜牧为主的5个省，给当地的畜牧业造成了严重的损失。近几年，疫情以集中或散发的形式曾经发生在全国各地。布病常因误诊误治由急性转为慢性，感染该菌后可对男性生殖系统有一定的损伤，慢性感染后会使患者丧失劳动力，长期病痛的折磨给患者身心带来了痛苦，给经济生活带来了困难，严重者可造成死亡。畜牧业中因感染布病造成牛、羊等牲畜流产、不孕、空杯、繁殖或成活率降低，影响优良品种的改良和推广，阻碍了我国畜牧业的发展。鉴于该病流行造成的损失巨大，我国结合以往布病流行的发生、发展等经验，逐步建立起适合我国国情的防控监测手段，以此降低流行率和传播风险，促进畜牧业高质量发展，防疫人员在出现人、兽共染疫区开展流行病学调查，对可能染疫的羊、牛等牲畜的分泌物如乳汁、尿、粪等利用血培养仪进行抽样检测，如若发现疫情依照相关法律法规立即对染疫牲畜进行通过扑杀、坑埋、消毒等以达到切断传染源的最佳防控模式。

（二）猪链球菌病

猪链球菌病是由猪链球菌Ⅱ型引起的呈世界性分布的人、畜共患性疾病。通过接触感染猪链球菌的病猪，经皮肤或黏膜的伤口进入人体，进入血液循环后在血液中迅速生长和繁殖即败血症。细菌随血液循环进入人体的各器官、组织并释放毒素即毒血症，机体产生中毒反应致多器官、组织发生病变而引起的临床表现包括有畏寒、发热、口唇疱疹、皮肤瘀点瘀斑、听力下降、筋膜炎或关节炎等，重症患者可合并中毒性休克综合征（TSS）和链球菌性脑膜炎综合征（SMS）的疾病。从事猪屠宰及加工等的工作人员为高危人群。国内外均有散发的病例报道。国内迄今为止报道过的较大规模人感染猪链球菌病疫情的是四川省发生的人感染猪链球菌病爆发疫情，发病例数36例，死亡3例。防治猪链球菌病的措施主要是控制传染源（病、死猪等家畜）、切断传播途径、在猪链球菌疫情的地区加强疫情监测，比如通过采集可疑病猪扁桃体、鼻咽部拭子进行增菌后的血清学鉴定，来筛查和发现感染人群。若感染人后，采集病人血液或脑脊液注入血培养瓶或专用猪链球菌培养皿进行增菌培养后进行血清分型鉴定予以检测，并于临床确诊后上报相关疾控部门。根据首诊负责制度的要求，接诊医生在发现符合疑似病例或临床诊断病例，应立即报告给当地疾病预防控制机构。疾控机构接到报告后立即开展流行病学调查，同时按照突发公共卫生事件应急预案要求，启动应急响应程序，第一时间控制疫情播散。

（三）隐球菌病

隐球菌病是由隐球菌属中具有较强致病性的主要为新型隐球菌及其变种格特隐球菌引起的感染。隐球菌属包括17个种和18个变种，在菌属中，仅有包括新生隐球菌、格特隐球菌在内的4个种能致病。新生隐球菌、格特隐球菌是环境腐生菌，广泛存在于自然界的土壤、树木、水、鸟、鸽粪中，其中格特隐球菌在国内发病较低，我国因新生隐球菌引起的人畜共患病较多见。新生隐球菌对人体神经中枢系统具有特殊的亲和力和致病力，多为外源性感染。人、兽接触带菌鸽子的粪便后发病是常见的感染方式，以气溶胶形式经呼吸道进入肺中，在肺内形成病灶，借血液系统播散至脑，另有一些则经头、面部及五官、颅骨或脊椎骨等病灶转移到脑中，此病不仅好发于免疫力低下的人群，也常见于免疫功能正常的动物（鸽子、猫科）饲养员。常引起人类隐球菌性脑膜炎和隐球菌肺炎，此外，由于感染后没有特异性临床特征，且隐匿发病，诊断较为困难，常因此延误治疗使感染患者致残或死亡；亦可引起猫科动物严重全身播散性感染。因此，在预防上，加强对鸽子的检疫以降低隐球菌人、畜共患病的发生至关重要。一旦发现带菌鸽应及时消杀处理，对鸽巢进行通风、消毒。实验室检测的方法包括尿隐球菌抗原检测、病灶切片镜检、脑脊液或血等无菌体液培养。常规的隐球菌抗原检测虽方便快捷，却不能作为确诊依据。应用血培养仪进行无菌体液培养阳性仍然是隐球菌确诊标准。

第四节　血培养仪的历史、现状及发展趋势

一、血培养仪的历史沿革

血培养仪是一种用于检测血液中细菌和真菌的设备。它的历史可以追溯到19世纪

末，当时医生们开始使用培养基来检测病原体。以下是血培养仪历史中的一些重要进展：

1）17世纪下半叶，荷兰人列文·虎克发明了光学显微镜，人类首次在显微镜下观察到完整的活细胞。

2）1880年，德国医生、细菌学家罗伯特·科赫发明了一种用于培养细菌的琼脂培养基，使培养和分离细菌变得更加高效便捷。

3）20世纪10年代，微生物学家们开始探索用于检测血液中细菌的方法，通过将血液样本注入琼脂培养基中，然后观察细菌的生长情况，这便是血培养的雏形。

4）20世纪30年代，电子显微镜的发明使科学家们能够更加深入地研究微生物的结构和功能。

5）20世纪60年代，自动化技术的发展使血培养仪的使用更加方便高效，出现了半自动化仪器。

6）20世纪70年代，约翰斯顿实验室研发出自动血液培养系统，后美国BD公司开发和营销了自动检测系统，血培养仪开始进入自动化时代。

7）20世纪80年代，开始利用红外分析CO_2代谢，开发出了第一套使用微计量器的设备。

8）20世纪90年代，第一代全自动连续监测系统上市，同时加入了荧光分子生物学技术，使科学家们能够更加准确地鉴定细菌和真菌的种类。

9）21世纪，智能化技术的应用使血培养仪的检测速度更快、准确性更高，同时也降低了使用成本。

血培养仪器的变化大致经历了手工、半自动、侵入性半自动、非侵入性半自动、高度全自动仪器的发展历程。常见的血培养仪检测技术包括：荧光检测技术、不可逆显色技术或气压检测技术。这三种检测技术的本质都是检测培养环境中由于细菌或其他血细胞代谢后所产生的CO_2的量的变化。下面将通过陈述几种不同检测方法的发展，展现血培养仪在自动化道路上的发展历程。

（一）BACTEC系统

自动血液培养系统最初是由约翰斯顿实验室开发的，后来美国BD公司成立了一个专门的部门，致力于自动血液培养系统的开发和营销。在1971年—1974年间推出的系统包括BACTEC 225（见图1-23）、BACTEC 301（见图1-24）和BACTEC 460（见图1-25）。这些培养系统基于肉汤，类似于手工操作的血液培养系统。根据需要，每个瓶子中都装有不同的营养肉汤，并将血液注入其中。这些系统与传统的手工双瓶系统的主要区别在于，微生物的生长不再由技术人员检查，而是通过BACTEC仪器来检测。BACTEC系统能够完成这项检测是因为在肉汤中添加了被放射性标记的基质。当微生物在肉汤中生长时，它们会代谢营养基质，并释放放射性标记的CO_2到介质和空气中。仪器定期对空气进行采样，并测量放射性活度水平。当放射性活度水平达到预定义的水平时，可以推断瓶子内可能存在微生物生长。这三个系统（BACTEC 225、BACTEC 301和BACTEC 460）在瓶子容量和自动化程度方面有主要区别。BACTEC

225 是 1971 年首次商业化销售的血培养仪，具有 25 个瓶位，采用磁力搅拌，并需要手动装卸试剂瓶。BACTEC 301 是在 1973 年开发的第一代商业化培养瓶，分为需氧和厌氧两种，仪器价格为 3000 美元/台，一年销售超过 500 台。它的特点是单瓶操作，适用于小型实验室和医院。而 BACTEC 460 是 1976 年由美国 BD 公司推出的，售价为 10000 元/台，是当时唯一一款具有 60 个测试瓶位的血培养设备。在 BACTEC 460 推出后，1979 年 Dr Salman Siddigi 发明了 TB 检测，即培养和药敏测试，其前身为 MGIT960。目前全球仍有数百套 BACTEC 460TB 设备在使用。因此，BACTEC 460 一经推出就被大家所接受，并取代了早期的两种型号。

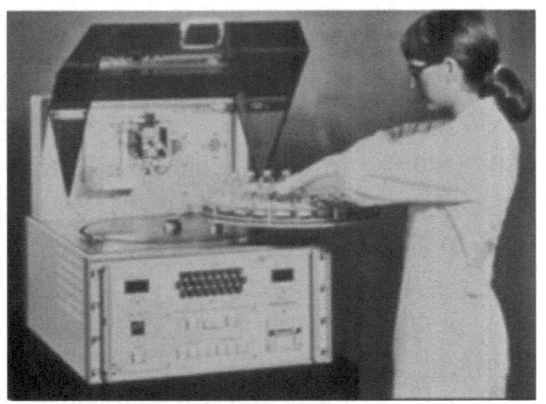

图 1-23　BACTEC 225

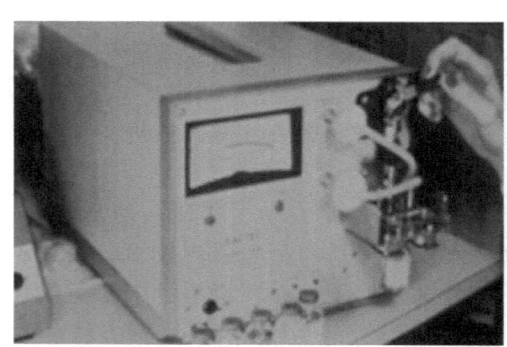

图 1-24　BACTEC 301

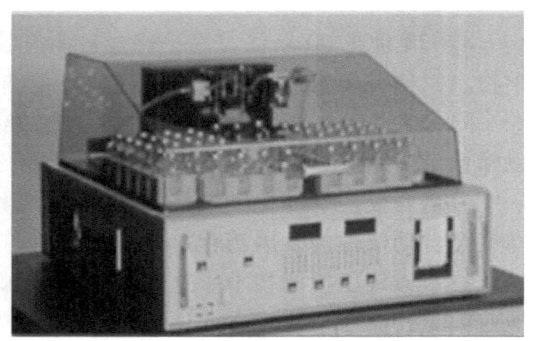

图 1-25　BACTEC 460

1980 年，约翰斯顿实验室和美国 BD 公司联合推出了 BACTEC 5 系统，该系统能够完全自动检测血液培养瓶内微生物的生长。BACTEC 5 系统与 BACTEC 460 系统的检测原理相同。然而，由于机械故障的问题，BACTEC 5 系统被发现不可靠，并在 1983 年退出市场。

（二）阻抗/导电性检测系统

1974 年，Bactomatic 公司在研发了 BACTOMETER，这是一款基于肉汤的培养系统，通过测量培养瓶中电阻抗的变化来检测微生物的生长。在微生物在培养基中生长和代谢营养物质的过程中，它们会产生离子变化，这些变化可以通过两个探测器的低电流阻抗变化来测量。尽管该方法在血液培养方面并未取得成功，但在全球范围内被应用于监测各种产品（如食品、化妆品、药物）的无菌性。

1979 年，雅培实验室研制了后来称为 MS-2 ABC 的 EDS 血液培养系统。EDS 是电子检测系统（electronic detection system）的缩写，与 BACTOMETER 相似，它通过测量血液培养瓶中微生物生长引起的电导率变化来进行检测。然而，和之前的电学指标系统一样，该系统并没有取得成功，并于 1981 年停产。

除此之外，还有一些实验室尝试通过测量电学参数来检测微生物的生长，但均以失败告终。

（三）红外分光光度法

1984 年，约翰斯顿实验室和美国 BD 公司联合推出了 BACTEC 血液培养系统的新系列。使用旧的辐射系统的实验室受放射性废物处理问题的困扰，由于没有其他自动化系统可用，实验室不得不面对这个问题，或者只能采用手工血培养系统。为了规避放射性问题，约翰斯顿实验室和美国 BD 公司使用了不同的方法来检测微生物代谢的 CO_2。在新系统中，基质不再需要被标记为放射性同位素，空气中的 CO_2 可以通过红外分光光度计检测。事实证明，这种方法是非常成功的。1983 年，BACTEC NR-660 投入使用，这个系统最多可以同时处理 600 个培养瓶（见图 1-26）。这个利用红外分析 CO_2 代谢的设备，同时也是第一套引入微计量器的 BACTEC 设备。1985 年又推出了 BACTEC NR-730 系统（见图 1-27）。该系统专为小型临床实验室设计，可以处理 30 个培养瓶。BACTEC NR-860 于 1991 年推出，是美国

图 1-26　BACTEC NR-660

BD 公司推出的第一代全自动连续监测系统，这个完全自动化的系统可以处理 480 个培养瓶（见图 1-28）。这三个系统之间唯一的区别是自动化水平和可以处理的培养瓶数量。这三个系统取代了 BACTEC 460 系统，在全球范围内广泛使用。

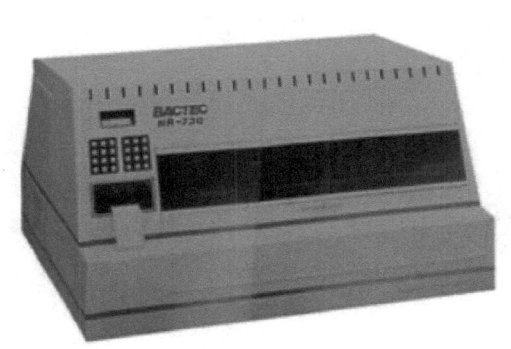

图 1-27　BACTEC NR-730

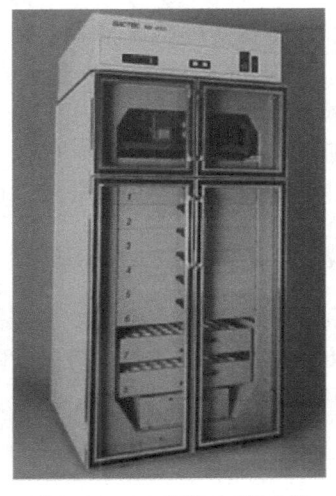

图 1-28　BACTEC NR-860

(四) 微生物气体间接检测法

1989 年，Organon Teknika 开发了 BacT/ALERT 血培养系统。与之前的大多数系统一样，血液被接种到装有营养肉汤的瓶子里，然后放入孵育器中让微生物生长。生长过程中它们吸收营养物质并产生 CO_2，CO_2 溶解在培养基的水中时会形成碳酸，从而降低培养基 pH 值。这种反应几乎发生在所有微生物的血培养中。但是人工监测肉汤的 pH 值变化是不切实际的，Organon Teknika 研发了一种自动的方式来实现这一目标。Organon Teknika 系统使用 pH 敏感性染料来测量 pH 值的变化。用半透膜将染料和介质分隔开，只有 CO_2 才能穿过这种膜并与染料相互作用。随着肉汤酸度的增加和 pH 值的下降，染料从绿色变为黄色，这种变化能够由 BacT/ALERT 的仪器检测到。该系统是非侵入性的，没有污染培养瓶的风险，并能够持续监测瓶内的微生物生长，理论上比旧的血培养系统检测更迅速。这时期的代表产品是 BMX BacT/ALERT 3D 60。

1991 年和 1992 年，市面上又陆续出现了四种血培养系统：美国 BD 公司推出的 BACTEC 9240 系统、法国生物梅里埃公司推出的 Virtuo 系统、百特医疗的血液培养系统和 Difco 的 ESP 系统。

BACTEC 9240 和百特医疗的血培养系统是非侵入性的全自动培养系统，这两种系统的 pH 传感器都嵌在培养瓶底部的惰性基体中。微生物在肉汤中生长所产生的 CO_2 扩散到传感器中，传感器中对 pH 敏感的染料能检测到 pH 值变化。BACTEC 9240 系统使用 pH 敏感荧光染料，而百特医疗的血培养系统则是通过测量特定波长的荧光强度或吸收光谱的变化。两个系统中的 pH 值都是从外部测量的，因此这些系统是非侵入性的。此外，这两个系统还可以连续进行测量，所以可以更迅速地检测到微生物的生长。

法国生物梅里埃公司的 Virtuo 系统是基于肉汤的培养系统。该系统的创新之处在于向肉汤培养基中加入了荧光分子。随着微生物体生长消耗肉汤中的营养物质，产生的 CO_2 和酸会使荧光分子失活。直接透过血液培养瓶测量荧光的减少，就可以得出原始血液样本中微生物的含量。

Difco 的 ESP 系统也是一个基于肉汤的系统，通过电子设备测量封闭系统内压力的变化来检测微生物的生长，这是一种全新的方法。微生物在肉汤中生长，最初会消耗气体（如 O_2），后期则会产生气体（如 CO_2、H_2 和 N_2 等），因此压力先下降后上升。这些变化是通过电子设备测量的，可以用作微生物生长的指标。

二、血培养仪的应用现状

目前，血培养仪已成为微生物检验领域中不可或缺的一部分，特别是在细菌和真菌检验方面。以下将重点介绍在医院和临床实验室中应用广泛、使用率较高的血培养仪型号和厂家。

(一) 国外品牌

目前，国外市场上有许多知名品牌的血培养仪，以下是其中几个代表性的品牌：

1. 美国 BD 公司（代表产品 BACTEC FX200/40）

美国 BD 公司是全球领先的医疗技术公司，其血培养产品线为 BD BACTEC 系列。BD BACTEC 系列产品灵敏度高、特异性高和自动化程度高，可以快速检测出多种细菌和真菌，适用于各种临床样本。

BACTEC FX200（见图 1-29）是一款具有独特柜式设计的全自动血液培养系统。它采用了美国 BD 公司专利的新一代荧光增强技术，用于快速检测血液和无菌体液中的细菌、真菌和分枝杆菌。与旧型号相比，该仪器性能提升明显。平均阳性样本检出时间小于 10h，并且具备强大的运算法则。它可以根据不同的临床样本覆盖细菌生长的各个时期。此外，BACTEC FX200 还具有延迟放瓶功能，最大允许用户延迟 48h 放瓶。血培养瓶采用了专利树脂技术，可以吸附多种临床常用抗生素，从而显著提高了已接受抗菌药物治疗患者的阳性检出率，并有效解决了抗生素残留问题。此外，该系统还内置了智能化质控及自检系统，并提供生长曲线。它配备了液晶触摸显示器，方便查询，操作系统也经过了简化。用户可以精确监控每个培养瓶的上样量。该系统的标本装纳容量从之前的 120 个血培养瓶上升到了 200 个血培养瓶。

BACTEC FX40（见图 1-30）是一款采用小容量模块化设计的血培养设备，适合处理血培养标本量较小的用户。其最显著的优点是采用了"卫星式"血培养技术，可以在医院临床科室进行标本培养，并及时同步到实验室信息系统中。BACTEC FX40 体积小，操作简单易懂，并可以直接连接实验室的信息系统。这个卫星血培养为临床血培养提供了便利条件，也为血流感染患者的诊疗提供了更加快速准确的临床依据。

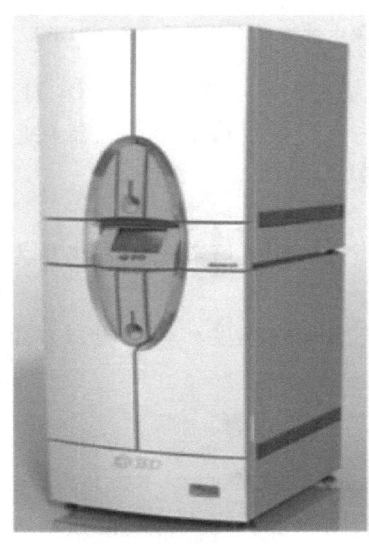

图 1-29　BACTEC FX200

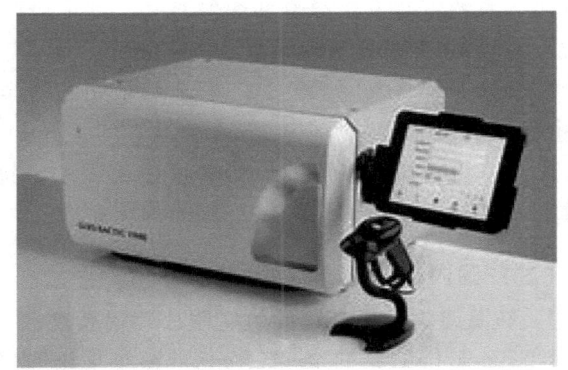

图 1-30　BACTEC FX40

2. 法国生物梅里埃公司（代表产品 BacT/ALERT 和 Virtuo）

法国生物梅里埃公司是一家专注于临床诊断和微生物检测的公司，其血培养仪产品线包括 BacT/ALERT 和 Virtuo 两个系列。BacT/ALERT 系列产品具有高灵敏度、高特异性和高自动化的性能，可以快速检测出多种细菌和真菌，适用于各种临床样本。Virtuo 系列产品是当前较为先进的血培养仪（见图1-31）。

BacT/ALERT（见图1-32）系统包括了一个控制模块和一个培养模块，该培养模块可同时培养并检测240个独立样品。模块化的系统使每个控制模块最多可容纳6个培养模块，因此该系统能根据实验室实际工作量变化进行调整和扩展。BacT/ALERT 的另一特点是系统全自动化，仅需较少的操作（样品接种/培养瓶装载），即可获得一致、准确且客观的结果。

图1-31　法国生物梅里埃公司 Virtuo

图1-32　法国生物梅里埃公司 BacT/ALERT

BacT/ALERT 培养瓶底部嵌入了比色传感器。当微生物在生长过程中产生 CO_2 时，传感器会由灰色变为黄色。比色传感器每隔 10min 扫描一次。一旦检测到传感器颜色的变化，系统就会发出声音和图像警报，并记录样品数据。

3. Thermo Fisher Scientific

Thermo Fisher Scientific 是一家全球领先的科学技术公司，其血培养仪代表产品为 Sensititre 系列。

总的来说，国外品牌的血培养仪在灵敏度、特异性、自动化程度和药敏测试方面都具有较高的水平，可以满足不同的临床需求。

（二）国内品牌

1. 珠海迪尔生物工程股份有限公司代表产品（BT Blockchain 系列）

BT Blockchain 系列全自动血培养系统采用非侵入性检测原理。将接种后的血培养瓶放入仪器的检测架中孵育培养，当有微生物生长时，将产生 CO_2 等代谢气体，导致瓶底颜色变化。光电探测器会检测瓶底折射光波长变化并运用多种运算模式分析，准确得出微生物的生长状况并记录生长曲线，判断培养结果。此系统适用于血液、其他无菌体液标本中细菌的培养和检测。该仪器会自动进行孵育、混匀并连续检测培养瓶，当仪器提示阳性或阴性时，可以取出培养瓶。

不同的血培养模块可组成卫星血培养系统，包括 BT24、BT48、BT60、BT120 和 BT240（见图 1-33）。不同模块通过局域网联机，中心实验室可以实时监控各病区、门诊和急诊的血培养状态。该系统采用了模块化设计和抽屉式结构，配备高精度的温控系统和空气环流系统。这种设计可以减少装卸培养瓶对内环境恒定温度的干扰，有利于微生物的生长稳定。培养瓶都配备了独立的检测器，在连续摆动振荡培养模式下，系统可以提高检测速度和准确性。

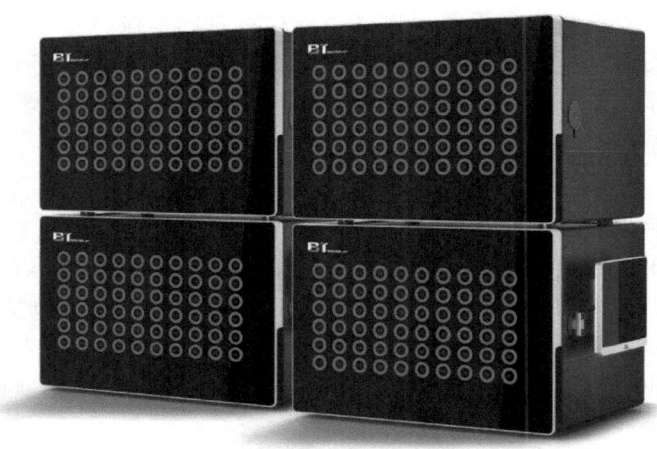

图 1-33　BT240 全自动血培养系统

BT Station3020 血培养工作站（见图 1-34）具备自动上瓶、卸瓶功能，能够保持培养箱内温度恒定。它还可以通过称重方式监测采血量并记录孔位号。对于阳性标本，它能够自动转种到四种平板上，包括血平板、巧克力平板、麦康凯平板和 M-H 琼脂平板。此外，它还能自动涂布细菌并接种药敏纸片。这些功能的实现解决了实验室无人值守时处理阳性标本出现延迟的问题。

2. 山东鑫科生物科技股份有限公司代表产品（LABSTAR 自动血液细菌培养仪系列）

LABSTAR 系列包括：LABSTAR 50、LABSTAR 60、LABSTAR 100、LABSTAR 120、LABSTAR PLUS、LABSTAR EX，其区别在于仪器标本位的数量。该系列产品适用于临床血液和其他样本（如胸腔积液、脑脊液、胆汁、腹水等）中细菌和真菌的培养和检测，为败血症和菌血症的临床诊断提供依据。

图 1-34　BT Station3020 血培养工作站

随着国内医疗技术的发展，国内血培养仪的研发和生产越来越受到关注和支持。现在，国内已有多家医疗设备制造商开始生产和销售血培养仪，其中一些产品已达到国际先进水平。国内血培养仪的优势在于价格相对较低，同时也满足了国内医疗机构的需求。此外，政府对国内血培养仪的研发和生产也给予了支持和鼓励，未来有望进一步提升技术水平和产品质量。尽管国内血培养仪起步较晚，但随着国内医疗技术的发展，国产血培养仪的市场前景仍然非常广阔。

三、血培养仪的发展趋势

（一）设备发展趋势

血培养仪的发展，将注重于使用更微小的样本量，来检测更宽泛的微生物范围，同时降低血培养瓶的污染率，降低血培养的假阳性率和假阴性率。通过改良培养基配方来降低检测成本，助力于提高住院患者抗菌药物治疗前临床病原学送检率。用更短的阳性检出时间提升诊疗效率。

1. 检出范围

血培养仪在检出范围方面的发展趋势：

（1）多菌种检测　传统的血培养仪能检测细菌的数量有限，相当一部分微生物无法通过培养获得。未来的血培养仪有望可以同时检测多种细菌，包括革兰氏阳性菌、革兰氏阴性菌、真菌、苛养菌、厌氧菌、结核及非典型病原体等。

（2）快速检测　传统的血培养需要数天才能得到结果，而未来的血培养仪可能在几小时内得到结果，大幅缩短了检测时间。

（3）检测新型病原体　随着新型病原体的不断出现，现代血培养仪也在不断更新，未来的血培养或可以检测新型病原体。

2. 灵敏度

随着医学技术的不断发展，血培养在灵敏度方面也在不断提高，主要表现在以下几个方面：

（1）培养方法的改进　目前新一代自动化血培养系统检测限一般在 3CFU～8CFU（CFU 为菌落生成单位），即使一次抽取 4 套血培养（大约采血 80mL），检出率仍不能达到 100%。未来，有望出现一些检出限更低的培养系统。

（2）技术的改进　现代血培养技术采用了一系列的技术手段，如血培养瓶的改进、血培养前的预处理、血培养后的分离鉴定等，可以提高血培养的灵敏度和特异性。

（3）分子生物学技术的应用　分子生物学技术可以快速、准确地检测微生物的存在，如 PCR 技术、荧光原位杂交技术等，可以在短时间内检测出微生物的存在，提高血培养的灵敏度和特异性。

（4）多重检测技术的应用　多重检测技术可以同时检测多种微生物的存在，如多重 PCR 技术、多重荧光原位杂交技术等，可以提高血培养的灵敏度和特异性。

3. 体积与检验周期

血培养仪在体积和检验周期等方面的发展趋势是向更小、更快速的方向发展。在体积方面，随着微型化技术的不断发展，血培养仪的体积越来越小，可以更方便地放置在实验室中，也更适合在临床现场使用。

在检验周期方面，血培养仪的检测速度也在不断提高。传统的血培养仪需要数天的时间才能得出结果，未来一些高端血培养仪可在数小时内完成检测，大幅缩短培养等待时间，有助于临床更早地做出准确决策。

4. 高通量

血培养仪高通量发展趋势：

（1）自动化程度不断提高　血培养仪高通量技术的自动化程度越来越高，可以实现自动化样本处理、培养、检测和分析等过程，提高了检测效率和准确性。

（2）多功能化　血培养仪高通量技术不仅可以检测细菌和真菌等微生物，还可以检测病毒、寄生虫等病原体，同时还可以检测抗生素的敏感性和耐药性等信息。

（3）数据分析能力增强　血培养仪高通量技术可以生成大量的数据，需要强大的数据分析能力来处理和解读这些数据，因此数据分析软件的开发和应用也是发展趋势之一。

（4）人工智能应用　人工智能技术可以帮助血培养仪高通量技术更快速、准确地识别病原体和判断抗生素的敏感性和耐药性，提高了检测效率和准确性。

5. 血量检测

传统血培养的采血量成人一般需要 8mL/瓶～10mL/瓶，儿童需要 1mL/瓶～4mL/瓶，未来的血培养仪在血量检测方面朝着更微量化的方向发展。

6. 卫星模式

在医院临床科室配备模块化的血培养设备也是未来的一个趋势，卫星血培养模式以缩短上样时间为设计初衷，大幅减少的标本检验前周转时间让临床医生已经认识到卫星血培养的重要性和必要性。然而，体量大的血培养设备占用较多空间且空瓶位较多，资源利用率不高，临床科室不大适用。为了解决这个问题，部分全自动血培养系统在设计时考虑了这些因素。因此，体积小巧、操作简便直观、可连接实验室信息系统的卫星血培养仪也是将来发展的一个趋势。

7. 配套报阳接种及药敏自动化

目前的血培养仪只能做到培养标本，还无法同时进行鉴定和药敏试验，然而临床医生更关注的是血培养的鉴定和药敏结果。能否快速地报告药物敏感试验结果是未来的制造商突破点，诸多公司已经开始布局类似产品（即血培养后的阳性血标本直接进行药敏试验）。而血培养加上鉴定药敏一体设备会成为未来中长期发展的可能突破点。

（1）自动化程度更高　现代血培养仪的配套阳瓶接种系统越来越自动化，可以实现自动识别阳瓶类型、自动上机、报阳自动接种、自动记录等功能，提高了工作效率和准确性。

（2）多功能化　现代血培养仪的配套阳瓶接种系统不仅可以接种血液样本，还可以接种其他类型的样本，如穿刺液、无菌体液等，实现了多功能化。

（3）更加智能化　一些高端的血培养仪的配套阳瓶接种系统还具备智能化的功能，可以根据样本的特点和数量自动调整接种参数，提高了工作效率和准确性。

（4）更加安全可靠　现代血培养仪的配套阳瓶接种系统采用了一系列安全措施，

如自动消毒、自动识别阳瓶类型等，保证了样本安全和可靠。

总之，随着医疗技术的不断发展，血培养仪的配套阳瓶接种系统也在不断创新和改进，为临床诊断和治疗提供了更加高效、准确、安全的技术支持。

（二）软件与自动化功能拓展

今后血培养仪功能可向高度自动化、高度集成化、高度智能化方向发展。例如：实现自动化判断上机前培养瓶的接种量，减少人工复核产生的工作量和计量误差；阳性报警培养瓶自动化接种；血培养仪与先进鉴定技术结合。例如串联微生物质谱仪鉴定仪，自动将阳性报警培养瓶的培养液滴加在质谱仪靶板进行菌种鉴定，后续可再串联药敏分析仪，进行药敏试验，最终检验报告可包括：菌种鉴定+药敏结果+临床推荐用药，一体化、智能化报告检验结果，从而缩短患者抗菌药物调整周期。

血培养仪配套软件可向高度智能化发展，如条码识别功能、结果自动同步 LIS 系统、网格化数据分析和储存系统等，功能更加方便快捷。

（三）"AIoT" 技术

从设备操控的角度来讲，血培养仪一定会向着智能化、信息化的方向发展。通过减少人工操作和判断，不仅可以节省人力成本、提升工作效率，还可以减少潜在的人为错误。

智能化、信息化的培养流程全自动操作离不开"AIoT"。"AIoT" 即 "AI+IoT"，指的是人工智能技术（AI）与物联网技术（IoT）在实际应用中的融合。

人工智能在血培养仪上的应用主要体现在应用视觉分析对培养瓶进行精确识别及控制高精度机械手进行操作。与非人工智能的机械手相比，被人工智能视觉分析操控的机械手可以更好地识别瓶内液体的液面、培养瓶的规格和大小，自动判定培养瓶的位置和抓取方式，甚至处理意外情况。物联网技术在血培养仪上也起到重要作用，它可以通过传感器装置感知采集培养瓶的信息，并通过网络技术将信息传输和管理指令下达。传统的红外条码扫描效率低下，新型的全自动血培养仪需要使用超高频射频识别技术，该技术具有读取多个标签、穿透性强、不需要光源等特点，非常适合培养瓶识别场景。通过在培养瓶上预置超高频射频无源电子标签，并在仪器内部安装读取装置，可以在非接触情况下瞬间读取标签信息。此外，无源电子标签还可以进行数据存储，可以将血液培养检测结果存储在瓶身标签中，方便后期核验溯源。

在 AIoT 技术的加持下，一台全自动信息化智能血培养仪工作如下：具备智能数据接口，可通过无障碍联网医院或机构的信息化系统，直接获取检测信息并填报入系统。仪器为一体化封闭设计，避免了分体带来的不便，配备大触摸交互显示屏，操作简便，全程工作状态一目了然。支持各种培养瓶种类和规格，以及物联网技术对瓶子的识别，如视觉识别、条码、二维码和射频识别。由于使用封闭设计，整个培养过程在培养舱中进行，仅有培养瓶的入口和出口，使用传送带操作，方便快捷。

待检的培养瓶放置在入口处的传送带上，仪器感应到物体后自动开启摄像头进行视觉识别。成功识别到可用的培养瓶时，传送带起动将其传入仪器；否则，仪器发出警告。机械手在视觉分析技术下，抓起培养瓶并进行信息读取。读取完毕后，机械手将培养瓶放入孵化舱的空瓶位上，仪器记录信息并开始培养工作。周期性检测并分析数据后，在大屏上显示运行状态和结果，并上报给信息化系统。检测结果写入超高频电子标签，智能机械手将培养瓶送出。保藏箱内置射频读取装置，便于工作人员快速识别和追踪培养瓶信息，提升样本管理效率。血培养仪自动记录和存储检测结果，形成完整的数据管理系统。全自动信息化智能血培养仪的工作目标是实现真正全自动智能操控，完全无人值守，最大限度地缩短了放置培养瓶的时间，加快检测报告的提交进程，确保能够及时进行病患治疗，从而节省住院成本、降低总体治疗费用和时间。

第二章 血培养仪的使用与管理

第一节 血培养仪的使用

一、血培养仪的运行条件

实验室血培养仪应具备：检测系统、系统指示灯、孵育抽屉、条形码扫描器、培养瓶位置传感器、电源开关、孵育系统、培养瓶位置及状态指示灯、声音报警器、液晶触摸屏、检测器、空气过滤器、USB 端口等。

（一）系统正常工作条件

1. 电子控制模块

实验室血培养仪应具备：温度测量和控制、内建的检测功能、摇匀电动机的控制、阳性分析图、位点照亮和系统指示、培养瓶状态监控和开门传感器、系统通信、用户界面等控制模块。

2. 组合模块

实验室血培养仪应具备外接 USB 端口和电源开关，并设有外围不间断电源设备等，计算机应包含内存和通信传输功能。不间断电源和系统计算机能够在过滤干扰的同时保持电压稳定。当整个系统断电时，备份电源可支持系统工作 10min 以上。

（二）外部运行环境

为保证仪器的正常运行，仪器必须在满足下列各条件并维持相应环境的情况下使用：

1）灰尘少或者无灰尘房间，通风良好的环境，房间内没有腐蚀性、易燃易爆气体或者蒸气。

2）避免热源辐射和避光、地面水平良好（斜度在 1/200 以下）。

3）承载仪器的桌面要具备足够的重量强度（包括仪器的附件、计算机等设备）。

4) 室内温度应保持在 18℃~30℃，室内相对湿度应保持在 25%~80% 并且没有冷凝水。

5) 仪器周围必须有足够的散热空间（10cm~30cm），不能有明显的振动。

6) 电源电压变动范围、最大电流、电源功率应按照各自厂家仪器要求设置。

7) 仪器应有保护性接地（接地阻抗在 10Ω 以下）。

（三）安全条例

血培养仪器应明确供体外诊断使用。应小心处置所有的患者试样和微生物培养，按照有传染性原则进行处置。

1) 仪器设备上方的空气进入和排出区域必须保证在任何时刻都不被遮挡阻碍。受限的气流可能导致设备内温度过高，进而影响测试结果并可能造成硬件的损坏。

2) 避免尝试举起或者移动设备。若有需要可以联系仪器厂家进行设备移动。

3) 设备的抽屉处于打开状态时，应避免倚靠或者在其上放置重物。

4) 熟悉仪器功能（如控制界面和指示图标），实验室人员应经过专业培训后再使用仪器设备。

5) 病原微生物，包括病毒和细菌，如肝炎病毒和人类免疫缺陷病毒、布鲁氏菌等可能出现在临床样本中。在处理所有的血液和其他身体体液污染的物品时，必须严格按照"标准防护"和实验室手册指导条例进行。

6) 在操作仪器时应避免污染和使用不当造成仪器报警。在关上抽屉时，应确保所有的培养瓶全部插入瓶位中。

7) 维护和修理工作必须由具备相应资质或经过专业培训的人员进行。

8) 在清洗瓶位透镜时，禁止使用具有腐蚀性的有机溶剂（如环己烷、苯或者乙醇），其有可能造成透镜密封垫圈或者透镜本身的降解。

9) 确保仪器报警系统正常运行，若系统提示警报或者错误时应及时处理。

二、血培养仪的使用管理

临床微生物学实验室应在符合资质要求的环境下使用，血培养检测人员要取得检验相关上岗证，经过血培养检验岗位的基本培训（如岗前培训、持续培训）和工作能力的评估（如危急值报告）。建议临床微生物学实验室安排 24h 接收血培养标本并及时上机，有条件的实验室宜实时处理血培养标本。

设备应按照一般医疗设备管理要求做到专人使用、专人保管、定期维护保养，并做好安全检查检测；建立设备档案及使用管理登记制度，应包括设备基本信息、使用记录、维修记录、检测记录等；使用和保管人员变动时，应当严格履行交接手续并登记在册。设备在使用中还要做好以下几个方面的工作。

（一）性能评价

全自动血培养系统的性能验证应在新系统投入使用前、系统主要部件故障解决后、系统整体更新或升级后进行，评估与全自动血培养系统配套使用的血培养瓶及相应的自动化监测设备是否能在规定时间内检出临床常见微生物（包括需氧菌、厌氧菌、苛养菌、酵母菌等）。国家标准物质（如 GBW（E）091091 等）、标准菌株、质控菌株及经过明确鉴定（质谱或 DNA 序列分析确定）的临床菌株均可用于对全自动血培养瓶的性能验证。验证方案和可接受标准应遵循行业标准，见表 2-1。

表 2-1 用于不同血培养瓶性能验证的菌株种类和名称（包括但不限于以下）

验证用菌株的种类	验证菌株名称	需验证的血培养瓶种类				
		需氧瓶	厌氧瓶	儿童瓶	真菌瓶	分枝杆菌瓶
专性需氧菌	铜绿假单胞菌	√	/	√	/	/
	鲍曼不动杆菌	√	/	√	/	/
专性厌氧菌	脆弱拟杆菌	/	√	/	/	/
兼性厌氧菌	大肠埃希菌	√	√	√	/	/
	金黄色葡萄球菌	√	√	√	√	/
苛养菌	流感嗜血杆菌	√	/	√	/	/
	肺炎链球菌	√	/	√	/	/
酵母菌	白念珠菌	/	/	/	√	/
	近平滑念珠菌	√	/	√	√	/

注：表中"√"表示有此种血培养瓶；"/"表示无此种血培养瓶。

（二）维护保养

应设立一名血培养仪负责人员对仪器进行定期的、必要的维护和保养，要严格按照具体设备的操作保养规程进行操作，并认真做好仪器设备使用表和保养情况记录表的登记。保养内容包括：仪器外观检查，如指示音、孵育温度、指示灯等；清洁工作，如机内除尘、风扇及空气过滤网清洁。在年度维护时，需要对仪器内部线路板连接口进行检测并加固；对设备的主体部分或主要组件进行检查，检查仪器绝缘程度，主要检查电源线及各带电导线、导体等有无破损或者漏电；机壳有无漏电，以确保良好的机器性能。

1. 日常保养

需对仪器进行日常维护，并做好日保养记录。通常由微生物实验室成员承担。

2. 定期保养

除了日常维护外，在长时间储存仪器或者运行时间长（每半年保养）再使用时，需要进行定期保养。设备的定期保养，通常由设备供应商承担，由实验室负责人（微生物组组长）与厂家技术人员对接，定期对设备进行维护保养和安全检查检测，及时记录设备维护保养中发现的异常情况，以保障使用寿命，减少故障发生率。

3. 校准

血培养仪应每年进行至少一次校准，并对设备的主体部分或主要组件进行检查，调整精度，必要时更换易损部件，以保证结果准确可靠。

4. 仪器异常维护保养

试验过程中出现意外情况无法处理应停止试验，断开电源适配器并联系工程师进行检测。维护保养的具体操作方法见表 2-2。

表 2-2 维护保养的具体操作方法

保养细则	方法
仪器状态检查（1次/日）	观察血培养仪器计算机是否有故障报警的提示
	检查孵育箱内温度计是否在温度控制范围内（如 34.5℃~35.5℃）
	检查仪器内指示灯状况
仪器表面清洁（1次/日）	用软布蘸取 75%（体积分数）乙醇、洁净水分两步进行清洁擦干
培养瓶检测孔清洁（1次/周）	先清除孔内纸片或杂物，再用棉签蘸取无水乙醇、洁净水分两步进行清洁擦干
清洁空气过滤网（1次/月）	使用温热的肥皂水溶液清洗过滤器，待充分干燥后重新装入

三、试剂使用管理

根据 CNAS-CL02：2023《医学实验室质量和能力认可准则》，实验室应制定文件化程序来用于各类型血培养瓶的接收、储存、验收试验和库存管理，同时要做好相应的记录。管理程序宜包括目的、适用范围、职责、工作程序、支持性文件、相关表格记录等内容。

（一）试剂出入库

1. 管理

实验室应设置至少一名试剂管理员，协助实验室负责人规范试剂管理过程中的招标、订购、验收、入库、申领、出库、保存、盘点、报废等各个环节。实验室应配备使用方便、简洁的试剂管理信息系统。

2. 招标

试剂管理员协助实验室负责人对试剂进行招标。招标前，试剂管理员要对拟招标试剂进行调查。拟招标试剂的供应商应注册合法、证件齐全，其提供的产品应具有生产批准文号或进出口注册证。应在同类产品中选择成本小、质量高的产品。

3. 订购

试剂管理员应根据试剂的使用情况，有计划地订购试剂。订购时间可以以周期性固定的形式进行，如每月××日和××日，试剂管理员需要在指定日期前提交试剂的电子订购申请，生成"采购申请单"，并由实验室负责人审核。

4. 验收

试剂到货后，必须由试剂管理员和设备处工作人员共同办理验收手续，仔细核对试剂的名称、规格、批号、数量、有效期等。发现试剂盒破损、试剂渗漏及过期试剂一律给予退回。验收完毕，由试剂管理员和设备处工作人员在销售明细上共同签字。

5. 入库

试剂入库时，需由试剂管理员和实验室负责人共同办理电子入库手续，以保证账物相符。试剂在冰箱的摆放要按前后顺序进行摆放，较近期有效期的试剂摆放在前，方便优先使用。试剂新批号要在试剂外包装醒目的地方注明"新试剂"字样，方便在使用试剂时及时识别试剂批号的变化。库房的温度和湿度记录实行实时电子化监控，如有报警，试剂管理员接收到信号后须立即处理并记录。

6. 申领

微生物试验人员根据用量需求每周固定时间，从库房申领当日或次日所需试剂，电子申领单须由实验室负责人审核。

7. 出库

试剂管理员根据提交的电子申领单完成出库，有效期在前的优先出库，并形成试剂出库记录。

8. 试剂的性能验证

实验室应对新批号或同一批号不同货运号的试剂进行验收，验收试验至少应包括：

（1）外观检查　肉眼可见的，如包装完整性、有效期等。

（2）性能验证　验证应选择阴性培养及质控株阳性菌和阴性菌进行验证，且必须符合预期。

9. 试剂的记录

试剂的记录包括但不限于以下内容：

1）试剂的标识。
2）制造商的名称、批号或货号。
3）供应商或制造商的联系方式。
4）接收日期、失效期、使用日期、停用日期（适用时）。
5）接收时的状态（如：合格或损坏）。
6）制造商说明书。
7）试剂初始准用记录。
8）证实试剂持续可使用的性能记录。

（二）试剂保存

微生物试验人员负责本岗位所涉及试剂的保存，试剂实验室环境的温湿度要做到每日查看和记录。试剂保存温度以说明书要求的温度为宜。

（三）试剂盘点

试剂管理员每月组织试验人员清点当月试剂的申领量、消耗量，以及目前的库存量，形成电子报告并打印。

（四）试剂报废

由于超过有效期或其他原因导致试剂报废时，试剂管理员应协助微生物试验人员查找原因,并形成书面报告,交组长审核。组长审核后交实验室负责人批准后方可报废。

(五) 试剂的不良事件报告

由试剂直接引起的不良事件和事故应按照医疗卫生机构或公司的要求进行调查,并向监管部门报告、记录。

四、血培养的三级报告制度

血培养是临床微生物学实验室最重要的检查之一,是诊断血流感染、菌血症的金标准。但是由于血培养的培养周期长,阳性结果菌种鉴定及药敏试验往往最少需要16h才能获得。所以实行血流感染的分级报告制度,可为临床医生提供血培养信息,并及时进行临床干预,为患者的生命安全提供保障。

(一) 一级报告

血培养一级报告为初级报告。仪器报警后,取出阳性瓶进行分离培养并涂片革兰染色后镜检,报告临床镜检结果。一般采取用电话向临床医生报告细菌形态及染色情况,保证了危急值报告的时效性。同时,有条件的实验室可以连接数据库,通过计算机发出危急值报告,使相应科室医生的计算机均有危急值提示,若不进行手动确认,警报提示窗口将持续弹窗。一级报告保证了危急值报告的及时性。

(二) 二级报告

血培养二级报告为中期报告。挑取血培养报阳转种后的纯菌落,进行革兰染色,若与一级报告不符合立即通知临床,相符时进行病原菌的鉴定及药敏试验,发送最终报告。若为了加快药敏时间,必要时可将血液培养瓶阳性瓶中液体抽取4滴或100μL~150μL,分别涂布于哥伦比亚血平板、麦康凯平板、巧克力平板、M-H琼脂平板(可根据特殊病原菌选用特殊平板),进行培养基培养。其中M-H琼脂平板用K-B法进行药敏试验,定时观察药敏结果,综合判断后作为二级报告初步报告临床。或者为了更好地控制二级报告发现错误的风险,可利用报阳后转种培养基,分离培养5h,挑取较小菌落,配成0.5麦氏浊度单位(MCF)的菌悬液,涂布于M-H平板,用K-B法进行药敏试验,形成二级报告。二级报告药敏结果可提前24h为临床提供参考信息,然而可能会出现二级报告药敏与三级报告药敏结果不符合的情况,此时以三级报告药敏结果为准。

(三) 三级报告

血培养三级报告为最终报告。向临床报告微生物种属和最终药敏结果。在检验解释报告单上应体现微生物耐药性表型,如产β-内酰胺酶、产超广谱β-内酰胺酶、产碳青霉烯酶菌株或耐甲氧西林金黄色葡萄球菌、诱导型克林霉素耐药葡萄球菌、高水平氨基糖苷类耐药肠球菌等,可为临床提供感染和用药治疗信息。基质辅助激光解吸电离飞行时间质谱(MALDI-TOF MS)直接鉴定血液培养阳性瓶的方案日趋成熟,在传统的三级报告基础上可增加报告次数，形成多级报告。随着 MALDI-TOF MS 质谱仪、全自动微生物检测流水线及信息系统的推广应用，微生物检验正在向多级报告模式发展。

第二节　血培养仪的应急管理

一、概述

应急管理对象是指突然发生的，与血培养仪相关，且需要紧急处理的情况。这些紧急情况包括且不限于：
1）设备运行过程前或过程中突然发生的故障。
2）设备正常运行的环境条件发生了重大变化。
3）设备出现质控失败、假阳性、假阴性等需要紧急处理的情况。

二、总体要求

血培养仪的应急管理应对仪器故障、环境影响等进行快速排查处理。作为微生物实验室的关键设备，应编写应急预案及应急处理流程，并在工作时不断补充完善、持续改进。预案中应包括相关人员职责、常规故障的处理措施及报告流程。

三、血培养仪检测过程的应急管理

（一）温度异常的应急处理

温度异常多数情况下是由于仪器门打开的次数过多或操作时门开启的时间过长引起的。

处理方法：尽量减少仪器门开关次数或每次操作时间，并确保培养过程中仪器门是紧闭的。通常培养仪的门要关闭 30min 后才能保持温度平衡。每次开门时需查看仪器监视器显示的温度（应为设置值±1.5℃）。

（二）瓶孔被污染的应急处理

瓶孔被污染多数情况下是由于培养仪瓶孔内的培养瓶破裂或泄漏引起的。

处理方法：检查培养仪瓶孔内的培养瓶外观是否完整，有无渗漏、破损，有无污染等，找出存在问题的培养瓶并进行更换，同时需要按各仪器的要求及时对培养仪舱内进行清洁和消毒处理。

（三）系统失联的应急处理

此类故障只可能在计算机与培养仪仪器相对独立的信息系统中出现。此时培养仪仍可监测标本，但只能保留最后 72h 的数据，检测时也只能打印阳性或阴性标本的位置。

处理方法：放置培养瓶时，需先扫描条形码，再将它放入启用的瓶孔内，患者、检验号、培养瓶的信息要等计算机信息系统工作之后才能输入。

（四）培养瓶异常的应急处理

血培养仪运行中，检测系统认为某一瓶孔目前是空的，但实际孔内还有被测的培养瓶（无论是阳性或阴性的），此时应通过查看问题日志读出存在问题的瓶孔号。

处理方法：如果这一孔内的培养瓶已经被违规卸出，则可以忽略这条信息；如果孔内还有培养瓶，则卸出培养瓶，装入到另一孔内，然后对前孔进行质控检测。

四、血培养仪假阳性报警的应急处理

（一）原因分析

1. 环境因素

（1）温度　室温是否符合分析要求，实验室室温的变化（如开关空调导致的温度骤然变化、空调直对仪器吹风等）导致反应曲线下滑或上升引起仪器出现阳性报警。

（2）供电　避免电压不稳，建议使用稳压不间断电源。不要与大功率或有强电磁干扰的仪器使用同一电源，否则会导致反应曲线波动，引起仪器出现阳性报警。确保电源的电压值与本仪器规定的一致。

（3）位置　仪器需放置在远离热源，避免阳光直射、过度潮湿和过度灰尘的地方，避免仪器受剧烈的振动。长期在开窗旁边的仪器，孵育孔内会因容易吸附大量粉尘而遮蔽测试光源，从而导致采集信号变化出现假阳性。

（4）仪器　定期保养仪器，校正孵育孔的本底信号值（Difference值），保证仪器稳定的工作状态，减小假阳性瓶出现的概率。

（5）培养瓶　使用前检测血培养瓶是否出现损坏、培养基或底部变色等。查看新的血培养瓶是否常温避光保存，阳光直射会导致瓶底颜色的变化。通常血培养瓶存放温度不宜超过28℃。

2. 标本因素

（1）采血量　采血量是影响血培养阳性率最重要的因素。细胞本身也能发酵产生CO_2，在抽血量超过推荐采血量的情况下会导致假阳性的出现。保证足够血量可以采用双侧穿刺每侧2瓶（需氧瓶+厌氧瓶）。一般每瓶8mL～10mL血液，当每瓶超过12mL时，可能会因为白细胞产生了大量的本底CO_2，而造成血培养假阳性报警。建议选择外周静脉进行穿刺采血，切忌在静脉输液侧肢体采集血培养。

（2）患者　可能与血常规增高有关，血细胞本身的新陈代谢也可产生CO_2导致假阳性。血液病患者或肿瘤患者处在代谢旺盛期的恶性肿瘤细胞其代谢产物会导致培养瓶OD值基数增高，因此在推荐采血量下也可能影响荧光系统，产生假阳性报警；有些炎症疾病患者白细胞增高，也会出现假阳性报警。

（3）其他原因　酸中毒、输入大量液体等导致标本本身pH值偏酸性从而出现假阳性。

3. 质控菌株

1）质控菌株不符合监测卡片的要求。

2）质控菌株、卡片、无菌盐水等出现质量问题。

4. 技术因素

1）匿名瓶上机：不同种类的培养瓶初始阈值不同，而仪器在处理匿名瓶时采用的是最低阈值开始计算，触动初始阈值的运算法则导致仪器出现阳性报警。

2）装瓶后孵育箱未及时关闭导致温度变化引起的假阳性。

3）上机过程中未把培养瓶塞到底部。

4）标本瓶瓶底有油污、染料、玻璃片等物体覆盖，导致仪器出现阳性报警。

5）当仪器信号显示阳性时，需快速取出阳性瓶，以避免某些细菌（如肺炎链球菌）由于自我分解或其他原因引起无活性培养。

6）目前污染的来源有皮肤消毒准备工作、培养瓶的消毒、瓶接种使用单针、采血人员和血液培养采集试剂盒等。由于皮肤通常被认为是最可能污染血样的来源，污染菌大多来自皮肤表面，皮肤消毒不当极易造成假阳性。

（二）应急处置措施

1）查看仪器，排查由仪器状态、操作失误和温度变化等引起的问题。

2）查看瓶底颜色变化，排查由于环境问题（电压、温度）、标本保存或瓶底污染引起的假阳性。

3）查看生长曲线，通过不同的生长曲线图形排查操作、标本、环境等因素引起的问题。

4）查看临床病历，追溯标本采集、运输等过程。

5）联系厂家工程师分析处理。

6）编写失控报告，直到质控在控后重新检测。

五、血培养仪假阴性的应急处理

（一）原因分析

（1）采血时机不当　采血的时机需要在患者用药之前，不能使用抗生素，针对间歇性寒战或发热患者，需要在其体温高峰到来前30min～60min内进行血样采集。

（2）采血量　采血量不足易造成假阴性。成人患者一般每瓶8mL～10mL血液，当每瓶血液少于5mL时，可能会出现假阴性或微生物生长延迟。婴幼儿血液标本采集量一般为1mL～3mL，如金黄色葡萄球菌感染的儿童，若采血量<1mL，则产生的CO_2不足以激发荧光系统，从而造成假阴性结果。

（3）罕见菌感染　由于此菌不利用葡萄糖或利用率低，只产生极微量的CO_2，不能激发荧光系统而导致假阴性，如链球菌可能由于对营养要求高，在普通培养基中代谢缓慢不易生长，或因其他不明原因产生假阴性。

（4）操作不规范　工作人员接到培养瓶后未立即上机培养，室外放置时间过长，造成假阴性结果。

（5）自动血培养系统设计原理造成假阴性　例如以荧光标记为原理的系统，由于荧光物质会自身衰变，所以不易设置固定的阈值来区分阳性或阴性，阳性的判断是依据生长速率和加速度生长曲线的变化。当血培养瓶延迟放入系统时，标本中的细菌在系统外经繁殖已经进入稳定期，不会出现生长速率和加速度，此时系统会错误报告为阴性。

（二）应急处置措施

1）查看仪器，排查仪器状态、操作失误和温度变化等因素引起的报警。
2）在血培养及血液采集的过程中，出现操作不规范情况，应严格按作业指导书重新检测。
3）对仪器可能影响检测结果的相应部分进行保养。
4）查看临床病历，追溯标本采集、运输等过程。
5）联系厂家工程师分析处理。
6）编写失控报告，质控在控后重新检测。

六、血培养仪设备故障的应急管理

（一）电动机转速不正常报警

1. 故障分析

1）有异物进入机箱内卡住仪器运动部件。
2）培养瓶安放不当卡住仪器运动部件。
3）转子传动带可能松动或脱落。
4）如果上述3种情况均排除，则故障可能出现在仪器的电动机或电动机驱动电路部分。
5）如果上述4种情况均排除，则故障可能出现在转速检查单元。

2. 故障排除

1）检查箱内是否进入异物卡住仪器运动部件，若有，排除异物。
2）检查培养瓶是否安放不当卡住仪器运动部件，若有，正确安放。
3）检查转子传动带是否松动或脱落，若有，排除。
4）如果上述3种情况均排除，应关闭仪器电源开关，重启计算机控制系统，3min后重新开启仪器电源，设备正常运转，故障排除；否则应及时联系厂家工程师并上报相关负责人。

（二）其他问题

1）开门时，盒子是否处于倾斜状态且瓶口向外，否则联系厂家工程师并上报相关负责人。
2）每天确认一次分析系统面板温度是否在（35±1.5）℃，如果不在范围内应及时联系厂家工程师并上报相关负责人。
3）血培养仪无法正常开机，检查电源是否正常，若电源正常不能开机，需及时联系厂家工程师并上报相关负责人。

七、血培养仪故障排查处理

（一）血培养仪常见故障原因

1）转子传动带老化导致打滑或断裂，应及时更换。

2）某一质控瓶损坏或基于检测方法的传感器受污染，导致转子图案有某一圈变黑。

3）培养瓶条形码损坏，扫描器损坏或扫描器面板污染，导致条形码无法判读。

4）开机后无法启动至正常画面，可能是主板损坏或程序丢失等原因造成。

5）显示屏在无人操作下会自动切换界面，可能是面板按钮损坏。

6）无法正常升级或备份，可能是驱动器损坏、主板损坏或存储设备损坏。

7）匿名瓶出现报警，可能是装载培养瓶操作有误；空位有异物，如棉球、破损标签等。

8）机器开启正常，但几分钟后显示屏内容变形，可能是主板损坏。

（二）血培养仪常见报警及处理

1. 温度报警

1）血培养仪舱门长时间打开。

2）仪器工作环境温度太高或太低。

3）仪器空气过滤器堵塞。

4）如果仪器温度计（舱门内侧中央）与仪器显示温度（LCD）一致，则仪器的加热元件、加热风扇、仪器风扇或加热元件的电源驱动板存在故障；如果仪器温度计（舱门内侧中央）与仪器显示温度（LCD）不一致，可能是温度探头存在故障。

2. 检测停止

1）仪器舱门被打开、仪器电源关闭或停电时间过长。停电时间如果较短不关闭仪器电源，不间断电源（UPS）可保证持续供电；如果停电时间过长，要将仪器电源开关关闭，等来电后再重新开启仪器，培养瓶无须转种。

2）仪器的系统时间出现误差，差值超过40min，需在仪器中无培养瓶时修改时间。

3. 仪器无法检测到已输入到检测位置的培养瓶

1）培养瓶安放不当造成：找到引起报警的培养瓶，扫描该瓶的条形码，以解决故障。

2）非法取出培养瓶（不按操作规程，没有扫描条形码）：无法找到引起报警的培养瓶时，可以通过强制结束该检测孔培养来解决故障。

3）报警是由于检测孔的硬件受损造成的。

4. 培养检测孔满报警

可以通过取出已报阳性或阴性培养瓶来解决。

5. 电动机转速不正常报警

1）有异物进入机箱内，卡住仪器运动部件，应检查并排除异物。

2）有培养瓶安放不当卡住仪器运动部件，应检查并排除。

3）转子传动带可能松动或脱落。

4）如果上述3种情况排除，可能是仪器的电动机或电动机驱动电路存在故障。

6. 质控瓶失效报警

1）质控瓶压盖脱落，质控瓶移位造成，应检查并排除。

2）质控瓶底被污染或荧光探测器镜头被污染，故障表现为转子图标的某一圈变黑，应用无水乙醇清洁，并用吸耳球吹干，观察30min，报警将自动解除。也可将3只质控瓶互换位置来判断故障原因，如果质控瓶失效则必须更换。

7. 转子装配故障报警

1）转子安装不当，传动带松动或脱落，应检查并排除。

2）转子固定螺栓（转子中央）松动，应检查并排除。

8. 电源电压不稳定报警

1）供电电源不稳（过高或过低）。

2）UPS或稳压电源出现问题。

9. 打印出错报警

1）打印纸未装或卡纸。

2）打印机通信电缆接触不良。

3）打印机电源开关未打开或处于脱机状态。

4）打印端口故障。

10. 软件更新出错报警

1）软件升级过程中出错，应重新升级。

2）电源不正常引起，应确保电源质量，并重新安装仪器软件。

3）储存设备损坏。

11. 系统发生软件故障报警

应进行数据备份，须重新安装仪器软件。

第三节　血培养仪的室内质量控制

室内质量控制是实验室质量保证体系中的重要组成部分。应按要求规范微生物实验室血培养内部质量控制，以确保微生物培养的检验质量。

一、适用仪器

BacT/ALERT系列血培养仪、BACTEC系列血培养仪等。

二、试剂材料

（1）血培养瓶类型　需氧瓶、厌氧瓶、儿童瓶、真菌瓶。

（2）培养基　哥伦比亚血平板、麦康凯平板、巧克力平板、沙氏琼脂平板、厌氧血琼脂培养平板等。

（3）血液　新鲜无菌血液。

（4）其他　1mL无菌注射器、无菌生理盐水、一次性无菌试管、移液器及配套吸头等。

（5）推荐质控菌株或质控标准物物质　根据不同厂家血培养瓶，美国临床和实验室标准协会（clinical and laboratory standards institute，CLSI）推荐及相关厂家推荐质控菌株，见表2-3。

表 2-3　推荐质控菌株

组别	菌株	编号
厌氧菌	脆弱拟杆菌	ATCC25285
	普通拟杆菌	ATCC8482
	产气荚膜梭菌	ATCC13124
	败毒梭菌	ATCC12464
革兰氏阴性菌	大肠埃希菌	ATCC25922
	流感嗜血杆菌	ATCC49766、ATCC10211
	脑膜炎奈瑟菌	ATCC13090
	铜绿假单胞菌	ATCC27853
	鲍曼不动杆菌	ATCC19606
	嗜麦芽窄食单胞菌	ATCC13637、ATCC17666
革兰氏阳性菌	粪肠球菌	ATCC29212
	金黄色葡萄球菌	ATCC25923
	表皮葡萄球菌	ATCC12228
	无乳链球菌	ATCC13813
	肺炎链球菌	ATCC6305、ATCC49619
	化脓链球菌	ATCC19615
酵母菌	白色念珠菌	ATCC14053
	克柔念珠菌	ATCC6258、ATCC14243
	近平滑念珠菌	ATCC22019

注：此表仅供参考，各实验室可根据实验室的菌株储备和血培养仪具体要求选择质控菌株进行血培养仪室内质量控制。质控菌株均来自于美国典型培养物保藏中心（ATCC）的菌株目录。

三、影响因素

（一）环境因素

仪器应在适宜的环境条件下运行，否则会影响仪器的性能和微生物培养，因此实验室内环境应保证仪器处在适宜的温湿度条件。

(二) 培养瓶质量

为了保证微生物培养的质量，在使用新批次培养瓶前应进行性能验证，验证通过后方可使用。

(三) 菌株

不同质控菌株应按其合适的保存方法进行保存，以保证其菌株的特性；质控菌株接种应在合适的培养基和培养环境中进行培养。

(四) 人为因素

1) 在配制菌悬液时要准确，以保证所注入培养瓶中的菌数量；在接种培养瓶时，要严格保证无菌条件操作。

2) 在接种过程中遇到阻力时，切勿用力挤压注射器活塞。这表明培养瓶中的真空状态已经被破坏，用力挤压注射器活塞可能会导致样品的飞溅。

3) 接种时注射器需从培养瓶塞的规定区域垂直插入培养瓶。这可以最大限度地减少外界空气的进入和培养瓶原有真空度的破坏。反之，如果注射器是以一定角度插入培养瓶或者注射器针头有一定的倾斜，可能导致培养瓶中进入了过多的外界空气而影响厌氧微生物的生长。

4) 在接种时应使用小容量的针头，不仅可以减少真空度的流失，还可以促进厌氧微生物的生长。

5) 避免对血液进行过度处理，最低限度减少其氧合作用，以免影响厌氧菌的生长。避免使用钝头针或除芯器械穿刺瓶塞进行接种，此类器具易损坏瓶塞和接种孔的密封性并导致外界空气进入或样品泄漏。

四、室内质控操作步骤

(一) 检查孔质控

仪器每日自检，并打印质控结果。

(二) 温度质控

每次开门时需查看温度计显示的温度与仪器监视器显示的温度，两者误差应小于 0.5℃。

(三) 血培养瓶质控

(1) 外观检查　检查瓶外观是否完整，是否破损，有无污染等。

(2) 无菌试验　新进批号或货号的培养瓶均需做无菌试验。随机抽取各种培养瓶中的一只培养瓶，直接放入仪器内进行培养，培养结果应是无细菌生长。

五、生长试验

1) 将质控菌株按要求接种于哥伦比亚血平板、麦康凯平板、巧克力平板、沙氏琼脂平板、厌氧血琼脂培养平板等培养基。

2）将接种菌株的平板放于适宜的培养箱中培养24h~48h。

3）菌悬液制备：从培养基中挑取单个菌落用无菌生理盐水配制成0.5个麦氏浊度单位（MCF）的菌悬液，浓度相当于10^8 CFU/mL（酵母菌的浓度相当于10^6 CFU/mL）。按照要求倍比稀释菌悬液，达到终浓度为10^2 CFU/mL。

4）将稀释好的菌悬液按厂家要求，取适量注入培养瓶内。对于生长要求较严格的苛氧菌株，如流感、肺炎链球菌，加样前在瓶内添加适量的新鲜无菌血液（成人瓶8mL~10mL，儿童瓶1mL~3mL）。

5）接种后的培养瓶应尽快载入血培养仪中，不宜超过60min。所有需氧微生物应该在48h内呈现阳性，所有厌氧微生物应该在72h内呈现阳性。

六、质控频次建议要求

（一）检查孔和温度质控

实验室人员每日对质控结果进行查看。

（二）血培养瓶质控

（1）外观检查和无菌试验 每次新进批号或货号的培养瓶均需做一次质控。

（2）生长试验 建议有条件的实验室可对每次新进批号或货号的培养瓶做一次生长试验，其余实验室可根据具体实际情况按要求每月或每季度进行一次生长试验质控。

七、注意事项

（一）实验室内环境

每天要监测室内温湿度，保证仪器处在适宜的环境状态下。

（二）新鲜血液

1）根据实际情况，在无法获取新鲜人血时推荐使用无菌脱纤维马血。

2）除SPS之外的抗凝剂对微生物是有毒性或抑制性的，因此不能使用含有抗凝剂储存的血液。

（三）菌液浓度

为了更好地模拟临床血流感染患者的菌量，中国合格评定国家认可委员会（CNAS）相关文件规定微生物实验室血培养性能评估要求的最终接种浓度为5CFU/瓶~30CFU/瓶，因此在实验室进行室内质控时也建议最终接种浓度为5CFU/瓶~30CFU/瓶，最优浓度为30 CFU/瓶，以确保试验的重现性。实验室也可以根据需求和不同厂家仪器要求来调整最终的接种浓度。

（四）菌悬液配制

1）在进行菌悬液制备时，实验室应使用无菌生理盐水配置和稀释菌悬液。

2）配制 0.5 个麦氏浊度单位（MCF）的菌悬液时，要正确使用比浊仪进行测定，以确保菌悬液浓度精确。

（五）其他

1）新的培养瓶在接种菌悬液前，去除培养瓶的塑料盖后应使用 75%（体积分数）乙醇或 70%（体积分数）异丙醇擦拭培养瓶顶部胶塞消毒，自然干燥 60s。

2）所使用的质控菌株、血液、已接种的培养瓶及检测材料等按标准程序要求进行高压灭菌处理，以确保实验室生物安全。

第四节　血培养仪的生物安全防护

一、病原微生物分类

（一）病原微生物危害程度分类

根据病原微生物的传染性、感染后对个体或者群体的危害程度，将病原微生物分为四类，其中，第一类、第二类病原微生物统称为高致病性病原微生物。

第一类病原微生物，是指能够引起人类或者动物非常严重疾病的微生物，以及我国尚未发现或者已经宣布消灭的微生物。我国目前规定的第一类病原微生物全是病毒，没有细菌，如天花病毒、埃博拉病毒、委内瑞拉病毒、黄热病毒等，共计 29 种病毒。

第二类病原微生物，是指能够引起人类或者动物严重疾病，比较容易直接或者间接在人与人、动物与人、动物与动物间传播的微生物，如新型冠状病毒按照第二类病原微生物进行管理，炭疽芽孢杆菌、布氏杆菌等也属于第二类病原微生物。

第三类病原微生物，是指能够引起人类或者动物疾病，但一般情况下对人、动物或者环境不构成严重危害，传播风险有限，实验室感染后很少引起严重疾病，并且具备有效治疗和预防措施的微生物，如乙型肝炎病毒、肺炎支原体等。

第四类病原微生物，是指在通常情况下不会引起人类或者动物疾病的微生物。

（二）《人间传染的病原微生物目录》

为加强与人体健康有关的病原微生物实验室生物安全管理，规范病原微生物实验活动、菌（毒）种和样本运输等行为，根据《中华人民共和国生物安全法》和《病原微生物实验室生物安全管理条例》的规定，中华人民共和国国家卫生健康委员会于 2023 年 8 月 18 日制订了《人间传染的病原微生物目录》。

二、实验室生物安全防护水平

血培养仪应在一级或一级以上防护水平实验室工作。

（一）实验室生物安全防护水平分级

根据对所操作生物因子采取的防护措施，将实验室生物安全防护水平分为一级、二级、三级和四级，一级防护水平最低，四级防护水平最高。依据国家相关规定：

1）生物安全防护水平为一级的实验室适用于操作在通常情况下不会引起人类或者动物疾病的微生物。

2）生物安全防护水平为二级的实验室适用于操作能够引起人类或者动物疾病，但一般情况下对人、动物或者环境不构成严重危害，传播风险有限，实验室感染后很少引起严重疾病，并且具备有效治疗和预防措施的微生物。

3）生物安全防护水平为三级的实验室适用于操作能够引起人类或者动物严重疾病，比较容易直接或者间接在人与人、动物与人、动物与动物间传播的微生物。

4）生物安全防护水平为四级的实验室适用于操作能够引起人类或者动物非常严重疾病的微生物，以及我国尚未发现或者已经宣布消灭的微生物。

以 BSL-1（bio-safety level，BSL）、BSL-2、BSL-3、BSL-4 表示仅从事体外操作实验室的相应生物安全防护水平。

（二）生物安全防护设备介绍

实验室的主要安全防护设备一般包括：

1. 生物安全柜

根据其正面气流速度、送风、排风模式，将生物安全柜分成Ⅰ级、Ⅱ级、Ⅲ级三个类型。可根据各实验室涉及的病原微生物的危害程度及实验室的级别进行选型。

2. 高压灭菌器

高压灭菌器是实验室有毒有害污染废弃物无害化处理的主要设备，也是防止实验室废弃物中感染性物质外泄的关键设备。用于实验室废弃污染物消毒灭菌处理的高压灭菌器，建议采用蒸汽内循环的自动高压灭菌器。传统的排蒸汽式高压灭菌器在高压过程中需要向外排放冷空气，在排气时废弃物中的病原微生物会随冷空气排出，极易污染周围环境，导致感染事件，存在安全隐患。

3. 负压通风柜（罩）

负压通风柜（罩）的主要功能是防止感染性检材在离心或开放性操作过程中感染性因子外溢导致污染环境或侵害试验人员。该设备是一种有效的物理抑制设备，在负压罩排气口安装高效过滤器，可以捕获感染性物质，防止病原性感染因子外泄。

4. 消毒喷雾装置

生物安全实验室消毒专用设备，主要使用甲醛、过氧化氢、过氧乙酸、环氧乙烷等消毒剂进行喷雾消毒。其消毒效果要比紫外线消毒和手工擦洗消毒更好、更彻底，还可减轻试验人员的劳动强度。实验室可根据条件及需要进行选配。

5. 其他生物安全设备

除上述生物安全防护设备外，在选购离心机、冷冻干燥等试验设备时，也应尽量选择某些具有生物安全防护功能的设备或型号。如离心机可选配具有生物密封型转头或有负压过滤（高效过滤器）装置的机型，选择消毒灭菌灯，以减少实验室污染的可能性。

（三）个人生物安全防护用品

防护装备包括眼镜安全镜、护目镜、紧急洗眼装置、口罩、面罩、防毒面具、帽子、防护衣、手套、鞋套、听力保护器等。

三、血培养采集及运输的生物安全防护

（一）血培养采集的生物安全防护

建议采集者在采集前要佩戴口罩，进行手卫生消毒，并佩戴合适的一次性手套或无菌手套。去除血培养瓶上的塑料帽，用75%（体积分数）乙醇消毒血培养瓶顶部塑胶塞，自然干燥60s。对拟采血部位进行皮肤消毒，可根据患者的年龄、过敏史等选用碘伏、22g/L氯己定-乙醇（体积分数为70%）溶液、75%（体积分数）乙醇溶液、70%（体积分数）异丙醇溶液等消毒剂。消毒擦拭方法、时间和等待干燥的时间严格遵循产品说明书，建议成人皮肤消毒面积直径为6cm~7cm。皮肤消毒后血管穿刺前不能再次触诊静脉（如有必要，应戴无菌手套）。

（二）血培养运输的生物安全防护

建议将血培养瓶放入专用标本运送容器内，防止其掉落或互相碰撞导致破碎。如果通过气动管道系统运送，要先评估血培养瓶放置是否足够牢固。建议血培养标本在采集后2h内，最迟不超过4h送至实验室，室温20℃~25℃运送，运送条件须符合生物安全要求。

四、阳性血培养及特殊传染病标本处理的生物安全防护

（一）阳性血培养瓶处理的生物安全防护

进行血培养操作时，应采取生物安全防护措施。血培养中的病原菌，可能通过皮肤伤口或直接接触污染实验室人员的皮肤、眼或者黏膜引起感染，尤其是含有病原菌的气溶胶。应保证操作人员在生物安全柜内操作，并佩戴口罩、手套，尤其是在检测血培养中革兰氏阴性苛养菌时，始终要注意安全防范。建议针对暴露的针头使用适当的安全装置来转种操作。禁止将使用后的一次性针头双手重新盖帽，如需盖帽只能用单手盖帽，禁止用手直接接触污染的针头。注射器针头需丢弃至锐器盒内，阴性培养瓶也应丢弃到感染性废物垃圾袋中。

（二）特殊传染病标本处理的生物安全防护

所有标本必须在生物安全Ⅱ级以上防护条件下进行处理。疑为高致病性病原体如结核分枝杆菌、布鲁菌属、弗朗西丝菌属、鼠疫耶尔森菌、类鼻疽伯克霍尔德菌阳性的血培养瓶进行传代培养时，处理操作需按生物安全Ⅲ级防护进行。

五、血培养瓶发生破裂漏洒的生物安全防护

实验室应建立医务人员职业暴露应急处置预案，来应对职业暴露事件的发生。

（一）针刺伤处理

当处理血培养使用过的针头或被破碎玻璃刺伤后，应立即从伤口周边由近心端向远心端轻轻挤压，尽可能地挤出伤口部位的血液，不可来回挤压，同时用流动水冲洗伤口后，用75%（体积分数）乙醇或0.5%（体积分数）碘伏或2%（质量分数）碘酊消毒伤口，并用防水敷料包扎。应在发生暴露30min内报告实验室负责人，并在48h内报告感染管理科、领取并填写《医务人员职业暴露登记表》，必须在72h内做人类免疫缺陷病毒（HIV）、乙型肝炎病毒（HBV）、丙型肝炎病毒（HCV）、梅毒（TP）等基础水平检查。

（二）皮肤暴露处理

当皮肤被血液污染，应立即用肥皂和流动水冲洗。若血液意外进入眼睛、口腔，立即用大量清水或生理盐水冲洗至少10min，并及时到急诊室或请专科医生诊治；应在48h内向有关部门报告，并报告感染管理科、领取并填写《相关登记表》。记录受伤原因和相关的微生物，应保留完整的医疗记录。被污染的衣物应立即脱下浸泡于含500mg/L有效氯消毒液30min~60min后清洗。

（三）血瓶标本溢洒处理

当血培养瓶破碎，血培养物发生溢洒时，首先根据溢洒位置判断是否会立即造成工作人员职业暴露，若溢洒发生在实验室未直接接触医务人员身体的地方，应先设置溢洒标识，防止其他工作人员接触被污染。

工作人员在处理溢洒事件时必须做好个人防护，穿工作服或防护服，戴口罩、手套等防护设备，必要时戴眼罩和护目镜。当溢洒物中有碎玻璃或锐器时，需戴防刺伤的手套。气溶胶已经形成或呼吸道传播危险性高（如结核分枝杆菌）时，需佩戴N95口罩。地面大面积溢洒时需穿防水鞋。

当溢洒发生在实验室地面、台面、桌面时，应立即用清洁布或吸水纸覆盖受污染的物品表面或区域，然后从外围向中心倾倒适量的2000mg/L有效氯消毒液，覆盖30min后，小心将吸收了溢洒物的清洁布或吸水纸连同溢洒物收集至感染性废弃物的容器内，并用新的清洁布或吸水纸擦拭清洁污染区域，去除残留的消毒液。如果溢洒物中含有破碎的玻璃，不得直接用手取走或弃置，应用硬纸板和镊子处理，玻璃碎片应弃置于锐器盒中。最后进行地面、台面和镊子的清洁与消毒。应填写《异常事件报告单》并归档。

当处理生物安全柜内溢洒时，严禁将头部伸入安全柜内，或将面部直接面对前操作口，应处于前视面板的后方。若溢洒量小于1mL时，可直接用75%（体积分数）乙醇浸湿的纸巾（或其他材料）擦拭。若溢洒量大或容器破碎，应使生物安全柜保持开

启状态。在溢洒物上覆盖浸有消毒剂的吸收材料，作用一定时间。在安全柜内对所戴手套消毒后，脱下手套。若防护服被污染，脱掉所污染的防护服后，用适当的消毒剂清洗暴露部位；穿戴适当的个体防护装备，如双层手套、防护服、护目镜和呼吸保护装置等。将吸收了溢洒物的纸巾（或其他吸收材料）连同溢洒物收集到专用收集袋或容器中，并反复用新的纸巾（或其他吸收材料）将剩余物质吸净。破碎的玻璃或其他锐器需要用镊子或钳子处理。用消毒剂擦拭或喷洒安全柜内壁、工作表面及前视窗内侧，作用一定时间后，用洁净水擦净消毒剂。如果溢洒物流入生物安全柜内部，需要评估后采取相应的措施。处理完溢洒后，应采用感应式自动洗手装置用流水冲洗。可采用医用消毒凝胶乙醇进行手表面或皮肤局部消毒，有明显污染时应用肥皂洗手，按照洗手消毒原则执行。

六、血培养仪的安全条款

1）在血培养仪上面和周围不要使用可燃性危险品，避免引起火灾和爆炸。仪器的操作、保养应按规定的程序进行，不触摸指定部位以外的地方。通电中不可打开仪器的背面及侧面的挡板。打开背部挡板时应关闭电源开关，只在指定部位上作业。严禁在电源开关处于开启状态下接触线路板。禁止打开仪器前顶部、背面板，避免触及线路板造成电路损坏。

2）检查光源灯时应佩戴防护眼镜，勿肉眼直视光源灯。

3）遵守指定的安装条件，否则有可能影响测定的可靠性或损伤仪器。

4）不得在仪器配套的计算机内安装任何其他与该仪器无关的程序或文件，避免造成仪器不能运行或者数据的丢失。

5）操作人员在血培养的操作过程中可能与危险的微生物接触，建议在二级生物安全实验室操作，应注意生物安全防护，使用橡胶手套，不要直接接触。并严格执行临床微生物实验室管理制度。若身体被沾染感染性样品时，应用大量流水冲洗消毒，必要时应接受医生检查。仪器被沾染时应进行消毒。

6）废弃培养瓶等医疗废物应高压蒸汽灭菌或按当地法规执行实施无害化处理。血培养仪检测样本存在潜在传染性，应在仪器明显位置贴有"生物危险标识"。仪器在通电状态下，不得触及电源部分，以防发生危险，应在仪器明显位置贴有"小心，危险"标识。

第五节 血培养仪的档案管理

一、设备档案管理

（一）设备档案的分类

1. 仪器档案

1）采购文件：设备申请材料、可行性论证报告、有关调查材料、批复文件、采购计划、中标标书、采购合同、售后服务等。

2）验收资料：验收记录和报告等。

3）各种原始证明材料：到货通知、提货单、发票复印件、装箱清单、操作使用手册、制造商提供的安装图样、合格证、保修卡、检定证书等。

4）设备标签：仪器的名称、唯一标识、制造商、型号、序列号、安装和放置地点。

5）检定或校准计划，检定或校准证书报告。

6）维护保养计划、使用记录、维修及性能验证记录。

7）期间核查计划及实施记录。

8）租赁或借用的审批及验收记录。

9）关于降级使用及报废的审批记录。

10）作业指导书。

2. 试剂耗材档案

（1）试剂耗材入库验收记录　血培养瓶购进后由试剂管理员负责验收入库，试剂管理员要根据试剂请购单和发票清单对所购试剂进行验收，验收内容包括：血培养瓶的外观、数量、标识、规格型号、有效期及运送条件等，对存在破损的试剂应拒收，在试剂的验收确认无误后，方可签字接收，并在《入库验收登记表》上登记，保留相关原始记录。

（2）试剂请领申请记录　血培养瓶领用时填写《试剂请领申请表》作为出库凭证。

（3）试剂使用记录　试剂使用时，填写《试剂使用登记表》。

（4）试剂报废申请记录　储存试剂一旦发现过期或失效应立即停止使用，并由试剂管理员填写《试剂报废申请单》，在征得负责人批准后予以报废处理。

3. 样本档案

实验室应有运输、接收、处理、保护、储存、留存、清理或者回退检测样本的程序及有关记录，在处理、运送、保存、候检、制备和检测过程中，应注意避免样品变质、污染、遗失或破坏。应保存并遵守随样本提供的操作说明，样本如果需要在特定环境条件下保存或调置时，应保持、监控和记录环境条件。

4. 检验数据档案

（1）原始数据记录　实验室应确保每项实验室活动的技术记录内容包含了结果、报告和充足的信息，以便在需要时识别出影响测量结果及其测量不确定度的各种因素，并确保在尽可能接近原始条件下能够重复该实验室活动。技术记录应记录实验室的每一项活动及对数据结果进行审核的具体日期和责任人。原始的结果、数据和计算应予以记录。记录内容应涵盖但不限于以下几点：样品描述、样品唯一性标识、检测方法、环境条件、所用设备和标准物质的信息、检测或校准过程中的原始记录及基于原始结果所进行的计算、实施实验室活动的人员和地点、检测报告或校准证书的副本及其他重要信息。实验室应在记录表格中或成册的记录本上保存检测的原始数据和信息，也可以直接录入在信息管理系统中，设备或信息系统也可以对数据进行自动采集。

（2）数据修改追溯　实验室应确保技术记录的修改可以溯源到前一个版本或原始结果。当记录需要修改时，应按照科室统一规定的修改程序，并保存原始的及修改后的数据和文档，包括修改的日期、标识修改的内容和修改的人员，禁止随意涂改原始记录。对自动采集或直接录入信息管理系统中的数据做任何更改，应满足一定的权限和要求，并保留修改记录。

（3）血培养危急值报告登记　血培养阳性瓶报警后应根据血培养三级报告流程进行处理，并做好相应的记录。血培养危急值报告登记表记录内容应包括但不限于以下信息：日期、患者信息、阳性瓶报警时间、革兰染色结果、培养结果、报告时间、报告者、接报者、联系电话等。

（4）血培养阴性/阳性质控验证登记　定期将部分血培养阴性标本转种到血平板及巧克力平板，进行血培养阴性验证试验抽查；并用标准菌株按照作业指导书要求进行阳性质控验证。阴性质控验证结果记录内容应至少包含：日期、培养瓶标识、培养瓶批号、样本号、验证结果、结果评价、操作者等。阳性质控验证结果记录内容应至少包含：日期、菌株名称、菌液浓度、培养瓶标识、培养瓶批号、报阳时间、结果评价。

（二）设备档案管理制度

（1）设置档案管理员　应设置档案管理员，加强设备文件档案资料的管理工作，档案管理员应及时对文件资料进行归档和保管。

（2）建立档案保管与查阅制度　所有档案资料都应进行登记、分类、编号，并由专人保管。档案管理员应明确文件资料的归档范围，当档案资料多时，可建立索引便于查阅。必要时可通过建立信息化管理平台，借助计算机和网络技术，进行实时更新与录入。

（3）建立档案归档制度　认真执行定期归档制度，并向各部门办好交接签收手续。对于实验室的文件资料，在平时应及时记录和收集，每月月底前应将归档文件资料归档完毕，并按年度立卷。档案资料应注意完整、规范、保密，不得用圆珠笔书写，不得用热敏打印纸，不允许任何抽样或遗失，不得向无关人员泄露。

（4）建立文件查阅和借阅登记制度　严格遵循保密原则，不得外泄原始数据，外来人员需查阅或借阅档案资料时均应经负责人同意，未经负责人批准不得外借、转抄和复印文件资料。建立查阅和借阅登记制度，内容包括借阅人、文件名称、编号、借还时间等，做到有据可查。

（5）档案交接　档案管理员在工作岗位调整或离职时应将经办或保管的档案资料向接办人员交接清楚，不得私自带走或销毁。如果发现文件丢失，必须及时查明原因和责任人，并如实向上级领导报告。

（6）文件的销毁　对于多余、重复、陈旧和无保存价值的档案，档案管理员应定期进行清理并按规定办理申请销毁手续。经审核批准销毁的文件，应在档案管理员会同上级领导的共同监督下销毁。

（7）实验室人员档案管理　档案管理员负责收集实验室所有人员的档案材料，对原始文件材料进行细致的校对、核实，以确保不遗漏、无差错，确保档案的完整性和准确性。档案管理员应对所有员工的档案及时进行更新和完善，注意归档的及时性。

（8）记录保存时间　实验室的结果资料和记录由档案管理员妥善保存。一般记录至少保留两年；检验结果、室内质量控制和室间质量评价记录至少保留十年。

（9）患者信息　承担检验任务的工作人员也需对临床医生提供的患者信息资料进行接收、保存、保密和信息流转过程中的管理。

（10）检验结果管理　检验结果以报告形式发布，通常是向临床医师、患者本人或患者家属报告结果。只有经患者同意或按照法律、法规、规定的条款才可向其他方面报告。用于诸如流行病学、人口统计学或其他统计分析学时，必须是屏蔽患者所有识别信息的实验室检验结果。

（11）保密管理　储存原始数据、分析结果和检验报告的仪器和计算机不得随意乱放，应授权账户和设定密码，指定专人负责日常管理，其他人员不得随意翻阅。检验分析人员必须获得授权，设定个人用户名和密码，通过密码进入操作系统，才能上传和审核检验报告单、查阅和修改检验报告；若检验报告单审核时发现问题，由检验者本人对结果进行修改，其他人员无权修改其内容。其他信息如质量体系的各层次文件和相应运行资料应保密，未经上级领导同意，所有人员不得将质量体系的各层次文件和相应运行资料外泄。法律、法规或管理机构要求保密的信息，所有人员必须保密，并遵守各单位的网络安全规定。

二、人员档案

人员档案内应包括人员相关教育经历、专业资格、职称证书、学术成就、技能经验、培训考核结果、有效性评价记录和授权记录等。一般保存期限为六年以上，曾参与检测活动的离职人员档案也需要视情况留存。实验室应保存以下活动相关记录，包括但不限于以下内容：

1）《人员培训计划表》。
2）《人员培训记录表》。
3）《人员能力评估记录表》。
4）《人员考核登记表》。
5）《人员授权一览表》。

三、相关记录表格

相关记录表格见表2-4~表2-14。

表 2-4　仪器设备一览表

序号	设备编号	设备名称	规格型号	生产厂家	启用日期	使用部门	性能状态	备注

表 2-5　仪器设备基础管理记录表

仪器名称		型号		仪器编号	
生产厂家		产地		出厂日期	
出厂编号		到货日期		位置	

厂家联系人及联系电话：

主要性能参数及用途：

启用日期	使用部门	放置地点	负责人	备注

仪器调动记录					
移交日期	移交部门	移交人	接收部门	接收人	仪器移交时状态

仪器报废记录			
报废日期	已使用年限	折旧价值	批准人

报废原因：

仪器附属设备及配件				
名称	规格型号	单位	数量	用途

备注：

表 2-6　仪器设备维护保养记录

设备名称																
每日保养	日期	1	2	3	4	5	6	7	8	9	10	11	12	13	14	15
	操作者															
	日期	16	17	18	19	20	21	22	23	24	25	26	27	28	29	30
	操作者															
每周保养记录							每月(季)保养记录									
每周保养	第1周		第2周		第3周		第4周		每月(季)保养							
操作者							操作者									
特殊保养维修记录																
维修者	日期		问题原因		处理方法		记录者									

表 2-7　实验室人员档案记录

姓名		性别		出生年月	
民族		籍贯		政治面貌	
最高学历		毕业时间			
毕业院校			学习专业		
通过专业资格级别及时间					
职务职称			当前岗位		
主要学习经历(包括成人教育和进修记录)					
起止时间	学校名称/单位		专业		学历
工作经历(包括科室不同专业组间轮转记录)					
起止时间		工作单位		专业组及工作岗位	
科研论文					
序号	论文题目			发表杂志	时间
课题					
序号	课题名称			任务来源	时间

表 2-8　不合格标本登记表

日期	姓名	科室	床号	标本标识	检验项目	原因	处理（包括追踪结果）	报告人	联系人	时间

表 2-9　试剂入库验收登记表

日期	试剂名称	产品规格	单位	购买数量	实到数量	批号	失效日期	验收记录	
								包装	检测报告
								□完好　□破损	□有　□无

表 2-10　试剂请领申请表

试剂名称	试剂批号	有效期	领取数量

表 2-11　试剂使用登记表

试剂名称	批号	有效期	规格	盒号	启用日期	记录人	备注

表 2-12　试剂报废申请单

时间	试剂名称	品牌	批号	效期	数量（剂量）	报废理由	经手人	审批人

表 2-13　血培养分级报告登记表

日期	患者姓名	科室	ID号	床号	样本号	革兰染色结果	培养结果	报警时间	接报人	联系电话	报告时间	报告人	备注
						左侧：							
						右侧：							
						厌氧：							

(续)

日期	患者姓名	科室	ID号	床号	样本号	革兰染色结果	培养结果	报警时间	接报人	联系电话	报告时间	报告人	备注
						左侧：							
						右侧：							
						厌氧：							

表 2-14　职业暴露登记表

姓名		性别		年龄		联系电话	
事故发生时间				事故报告时间			
职业暴露描述： 生物安全管理员或专业组长： 日期： 年 月 日							
局部处理措施： 处理人： 日期： 年 月 日							
职业暴露评估分级： 评估人签名： 日期： 年 月 日							
职业暴露预防性用药： 执行人： 日期： 年 月 日							
职业暴露后续观察措施： 生物安全管理员或专业组长： 日期： 年 月 日							
跟踪结果： 生物安全管理员或专业组长： 日期： 年 月 日							

第六节　人员要求、资质认证与岗位培训

一、人员要求

以下部门规章和标准文件分别明确了对临床实验室、临床微生物检验和血培养仪使用人员的要求。

（一）CNAS-CL01：2018《检测和校准实验室能力认可准则》

在准则 6.2.1 中指出：所有可能影响实验室活动的人员，无论是内部人员还是外部人员，应行为公正，有能力、并按照实验室管理体系要求工作。

（二）CNAS-CL01-A001：2022《检测和校准实验室能力认可准则在微生物检测领域的应用说明》

CNAS-CL01-A001：2022 对人员要求如下：

1) 实验室从事微生物检测不同岗位的人员应具有相应的学历和工作经历。

2）实验室人员应熟悉生物检测安全操作知识和消毒灭菌知识。

3）实验室选用检测人员时，应考虑有颜色视觉障碍的人员不能执行某些涉及辨色的试验。

4）实验室应制定人员培训和继续教育计划并实施。

5）实验室可通过内部质量控制、能力验证或使用实验室间比对等方式评估检测人员的能力并确认其资格。

（三）RB/T 214—2017《检验检测机构资质认定能力评价 检验检测机构通用要求》

RB/T 214—2017 要求，检验检测机构中所有可能影响检验检测活动的人员，无论是内部还是外部人员，均应行为公正，受到监督，胜任工作，并按照管理体系要求履行职责。

（四）GB/T 27020—2016《合格评定 各类检验机构的运作要求》

GB/T 27020—2016 指出，实验室工作人员应该具备以下条件：

1）检验机构应规定所有与检验活动相关的人员的能力要求，包括教育、培训、技术知识、技能和经验，并形成文件。

2）检验机构应雇用或签约足够的人员，这些人员应具有从事检验活动的类型、范围和工作量所需的能力，需要时，还应包括专业判断能力。

3）负责检验的人员应具备与所执行的检验相适当的资格、培训、经验和符合要求的知识。这些人员还应具备以下相关知识：所检验产品的制造、过程运行和服务提供的技术；产品使用、过程运行和服务提供的方式；产品使用中可能出现的任何缺陷、过程运行中的失效、服务提供。他们应理解与产品正常使用、过程运行、服务提供有关的偏离导致的重要影响。

4）检验机构应让每一个人清楚他们的职能职责、责任和权限。

5）检验机构应有形成文件的程序，用于检验人员及其他与检验活动相关人员的选择、培训、正式授权和监督。

6）形成文件的培训程序应分为以下阶段：上岗培训阶段；在资深检验员指导下的实习工作阶段；与技术和检验方法发展同步的持续培训阶段。

7）所需的培训应取决于每名检验员及其他与检验活动相关的人员的能力、资格和经验，也取决于监督的结果。

8）熟悉检验方法和程序的人员应监督所有检验人员及其他涉及检验活动的人员，以确保检验活动符合要求。监督结果应作为识别培训需求的一种方式。

9）应对所有检验员安排现场观察，除非有足够支持性的证据表明该检验员是能够持续胜任的。

10）检验机构应保存涉及检验活动的每个人员的监督、教育、培训、技术知识、技能、经验和授权的记录。

11）不应以影响检验结果的方式向涉及检验活动的人员支付薪酬。

12）可能影响检验活动的检验机构所有人员，无论内部人员或外部人员，应行为公正。

13）除法律要求以外，检验机构的所有人员，包括分包方、外部机构的人员、代表检验机构工作的个人，应对检验活动中获得或产生的所有信息保密。

二、资质认证与岗位培训相关标准

（一）CNAS-CL02-A001：2021《医学实验室质量和能力认可准则的应用要求》

CNAS-CL02-A001：2021 中对人员的资质认定有以下要求：有颜色视觉障碍的人员不应从事涉及辨色的相关检验（检查）项目，如微生物学及细胞形态学检验人员。当职责变更时，或离岗 6 个月以上再上岗时，或政策、程序、技术有变更时，应对员工进行再培训和再评估，合格后方可继续上岗，并记录。

（二）CNAS-CL02-A005：2018《医学实验室质量和能力认可准则在临床微生物学检验领域的应用说明》

CNAS-CL02-A005：2018 中．对人员的资质认证、岗位培训方面进行了要求：

1）有颜色视觉障碍者不应从事涉及辨色的微生物学检验。
2）应每年对各级工作人员制定培训计划并进行微生物专业技术及知识、质量保证等培训。
3）应每年评估员工的工作能力。对新进员工，在最初 6 个月内应至少进行 2 次能力评估。
4）当职责变更时，或离岗 6 个月以上再上岗时，或政策、程序、技术有变更时，应对员工进行再培训和再评估，合格后方可继续上岗，并记录。

（三）WS/T 503—2017《临床微生物实验室血培养操作规范》

WS/T 503—2017 中对人员的岗位培训内容涵括以下几方面：

1）安全培训。
2）实验室感染。
3）防护措施：洗手；实验室生物安全要求；防护用具。
4）防护针刺伤。
5）溢洒处理。

（四）GB/T 22576.1—2018（ISO 15189：2012）《医学实验室 质量和能力的要求 第 1 部分：通用要求》

GB/T 22576.1—2018 中对人员的岗位培训给出了要求：

1）质量管理体系。
2）所分派的工作过程和程序。
3）适用的实验室信息系统。
4）健康与安全，包括防止或控制不良事件的影响。
5）伦理。

6）患者信息的保密。

7）对在培人员应始终进行监督指导。

8）应定期评估培训效果。

（五）CNAS-CL01-G001：2018《CNAS-CL01〈检测和校准实验室能力认可准则〉应用要求》

此标准中对实验室人员的岗位培训进行了要求：

1）实验室应制订程序对新进技术人员和现有技术人员进行新技术培训活动。适当安排培训活动并保留培训记录。

2）实验室应关注对人员能力的监督模式，确定可以独立承担实验室活动人员，以及需要在指导和监督下工作的人员。负责监督的人员应有相应的检测或校准能力。

3）实验室可以通过质量控制结果，包括盲样测试、实验室内比对、能力验证和实验室间比对结果、现场监督实际操作过程、核查记录等方式对人员能力实施监控，做好监控记录并进行评价。

第七节 血培养仪的维护保养与维修

血培养仪主要用于对血液中的细菌和真菌等进行体外培养，其运行的可靠性与日常维护和保养有着十分密切的关系。

一、血培养仪的维护保养

（一）硬件维护

1. 定期维护

血培养仪的预防性维护应按照仪器公司的服务程序，由仪器工程师负责定期进行。不同型号的血培养仪，具体维护内容有所不同，应按仪器公司要求进行。实验室仪器责任人应在场，对维护情况进行记录，并将仪器工程师提供的维护记录单进行存档。

2. 日常维护

血培养仪应安装在以下工作环境中运行：环境温度22℃~28℃；相对湿度不大于85%；大气压力86.0kPa~106.0kPa；交流电源220V±22V，50Hz±1Hz；避免灰尘、阳光直射、腐蚀性气体、振动和强烈电磁场干扰。

1）保持实验室的干燥和洁净，少开窗，防止灰尘进入。

2）每隔1周用清水清洗仪器左右两侧的空气过滤网。

3）每隔1个月检查仪器内温度计读数与显示屏的温度是否一致。须保证仪器门关闭时间大于2h。

4）每隔1个月清洁仪器四周的灰尘，除去仪器内的纸屑等杂物。

5）每3月检查仪器内探测器是否洁净，如需清洁，可使用干棉签、无水乙醇清洁。

6）每半年检查稳压电源的输出电压是否正常，即220V（≤±2%）。

7）如果遇停电，请将仪器电源开关关闭，等来电后再重新开启仪器。

8）如果遇无法排除的故障报警，将仪器电源关闭，3min后重新开启仪器。

3. 数据备份及数据恢复

不要随便删除或修改软件，并防止误删或错删。要在存放重要数据的软盘上做好标记，坚持定期系统备份，对于硬盘上的重要数据也应用硬盘备份保护。对于硬盘的保护，应注意工作台要平稳，在硬盘工作时，不要搬动计算机，以免振动擦伤磁盘造成数据丢失。移动计算机时，一定要先切断电源再小心移动，避免碰撞。不要频繁开关机，有条件的单位可选用不间断电源（UPS），防止突然断电及通电对电子设备损害。

4. 仪器内溢溅物消毒及清洁程序

在进行仪器内溢溅物消毒及清洁时，为了防止潜在生物危害，需穿上适当的防护装备，如保护衣、口罩、护目镜、手套、鞋套等。

（1）培养瓶泄漏　用纸巾轻轻覆盖溢溅区域，应用10%（质量分数）次氯酸钠溶液湿润溢溅物可能接触的所有表面。确保所有表面充分接触次氯酸钠溶液15min～30min后再予以清理。用于清理的所有材料都要当作生物危险废物处理。

（2）可使用的消毒剂　化学消毒剂种类繁多，在对仪器表面或内溢溅物进行消毒时，应考虑消毒剂的杀菌谱、消毒效果、对仪器是否有腐蚀、消毒后有无毒害残留等选择合适的消毒剂。一般用于仪器的消毒剂有10%次氯酸钠、3%～25%（质量分数）过氧化氢（擦拭）、过氧化氢（蒸汽相）或美国环境保护署（EPA）登记的结核分枝杆菌消毒剂。

（3）仪器表面溢出物消毒　仪器在使用过程中，仪器表面如果遇到洒溢事件，需遵循所在机构推荐的去污染程序或美国临床和实验室标准协会（CLSI）指南中规定的程序。去污染后，用仅以水浸润的湿巾擦拭，并彻底干燥。

（4）仪器内部溢出物消毒　仪器在使用过程中，仪器内部若有溢出物，按照以下程序，立即移除溢溅在仪器内的任何血液或测试样品，并对受影响区域进行去污染处理。

1）打开仪器门。

2）肉眼检查泄漏或溢溅程度。确定是否有一个或多个支架受到了污染。

3）可能的话，取出泄漏的培养瓶。如果培养瓶被卡在检测孔中，拆下培养瓶支架。不得试图通过拉支架的方式取出被卡培养瓶。

4）从受影响的支架上卸载所有培养瓶。

5）根据需要对培养瓶进行去污染处理。

6）将培养瓶重新装载。

7）如果受到污染的检测孔内有大量的液体，则使用一个吸球或类似的设备将其小心地吸出，并将其置于合适的放置生物危险性废物的容器内。

8）如果溢溅的液体局限在一个支架中的一个或很少几个检测孔内，用经过批准的消毒剂按照清洁培养瓶支架中的步骤对受影响的检测孔进行清洁和消毒。

9）虽然有盖板盖住线缆，但还是要确认泄漏没有污染仪器底部的线缆。

10）关闭仪器门。

（二）软件维护

（1）矫正孵育或模块的温度　在每个孵育和组合模块中，会有一个数字温度计，根据仪器配置不同，可能放置位置不同。可用此温度计做参考，以便校准模块温度。不同厂家和型号的仪器设置有所不同，需根据仪器说明书进行操作。

（2）矫正仪器检测孔　对于全自动血培养仪，一般系统不要求常规校准检测孔，但如果检测孔未能通过自动内部诊断检查，会在主屏幕的仪器图标中显示仪器故障代码，根据仪器使用说明书对应的故障代码处理方案，进行仪器检测孔的矫正。当质控失控、监测指标失控、移位或维修后均需矫正。

二、血培养仪的维修

（一）温度失控故障信息及解决方法

（1）门未完全关闭　当仪器门未完全关闭时，仪器不能保证恒定的温度，长时间门未关闭，仪器温度会下降，当温度下降到一定程度时，会出现温度异常报警。此时，应将仪器门重新关闭，并密切观察温度变化。

（2）加热装置失控　若血培养仪加热装置失控，应立即停止血培养仪的使用，并进行故障排除。若由于电源故障，重新更换电源即可，若仪器本身硬件系统故障，需联系厂商。

（3）温度检测及控制系统失控　温度检测及控制系统失控，会导致孵育箱温度过高或过低。温度过高或过低，可能是由于控制模块或组合箱硬件错误，加热的固态继电器的硬件错误和温度传感器错误，此时应及时联系仪器厂商。

（二）检测数据接收失败故障信息及解决方法

（1）数据线故障　当血培养仪数据线发生故障时，会导致孵育箱连接错误，控制模块电源错误，UPS 容量不足及 LIS 通信错误等，此时应及时联系厂商。

（2）检测板/主板通信芯片故障　检测板/主板通信芯片故障时，应停止使用仪器，并及时联系厂商。

（三）检测单元不能识别培养瓶故障信息及解决方法

检测单元不能识别培养瓶，一般是由于培养瓶安装不当引起，重新安装即可；也有可能是由于用户非正常程序取出血培养瓶导致，此时需按仪器使用说明书，重新安装；又或是由于检测孔的硬件受损造成的，此时需联系仪器供应商进行故障排除。

（四）孵育模块运动功能故障信息及解决方法

（1）门感应开关故障　门感应开关故障一般是由传感装置故障引起的，需联系仪器厂商进行处理。

（2）电动机传动结构故障　电动机传动结构故障一般由电动机、连杆、传动带故障引起，若发生此状况，应及时联系仪器厂商。

（五）操作系统故障信息及解决方法

（1）触摸屏（显示屏）故障　可能由于显示器信号线接触不良导致，应检查并紧固信号线，若由其他原因引起，需联系仪器厂商。

（2）软件系统故障　血培养仪的软件系统一般包括监控系统（查看警报和警示、温度）和配置系统（装载和卸载培养瓶，解决匿名培养瓶，搜索特定培养瓶数据，查看、编辑和打印培养瓶数据）。若发生软件系统故障，应立即停止血培养仪的使用，并及时联系仪器厂商。

第三章 血培养仪的校准及性能验证与期间核查

第一节 计量的概念、检定和校准

一、计量的概念

（一）计量的定义

按我国 JJF 1001—2011《通用计量术语及定义》中的定义，计量是指"实现单位统一、量值准确可靠的活动"。这个定义明确了计量的目的及其基本任务是实现单位统一和量值准确可靠，其内容是为了实现这一目的所进行的活动，这一活动十分广泛，它涉及农业生产、科学技术、法律法规、行政管理等，通过计量所获得的测量结果是人类活动最重要的信息源之一。计量的最终目的就是为国民经济和科学技术的发展服务。

（二）计量立法的宗旨和调整范围

计量是经济建设、科技进步和社会发展中的一项重要技术基础。经济越发展，越需要加强计量工作；科技越先进，越需要准确的计量；社会越进步，越需要在全国范围实现计量单位制的统一和量值的准确可靠，因而越需要加强计量法制监督。所以，计量立法的宗旨，就是要加强计量监督管理，健全全国计量法制。而加强计量监督管理的核心内容是要解决国家计量单位制的统一和全国量值的准确可靠问题，也就是要解决可能影响经济建设、科技进步和社会发展，造成损害国家和人民利益的计量问题，这是计量立法的基本点。由于计量单位制的统一和量值的准确可靠是保证经济建设、科技进步和社会发展能够正常进行的必要条件，计量法中的各项规定都是紧紧围绕这一基本点进行的。世界各国也都把统一计量单位、保障本国量值准确可靠作为社会建设和发展经济的重要措施。

但加强计量监督管理，保障计量单位制的统一和量值的准确可靠，还不是计量立法的最终目的。计量立法的最终目的是为了促进国民经济和科学技术发展,为社会主义现代化建设提供计量保证;为保护广大消费者免受不准确或不诚实测量所造成的危害;为保护人民群众的健康和生命、财产安全,保护国家的权益不受侵犯。

在《中华人民共和国计量法》(以下简称《计量法》)第一条中把计量立法的宗旨高度概括为:"加强计量监督管理,保障国家计量单位制的统一和量值的准确可靠,有利于生产、贸易和科学技术的发展,适应社会主义现代化建设的需要,维护国家、人民的利益。"

计量立法使我国计量工作全面纳入了法制管理的轨道。计量专业技术人员从事计量检定及其他计量专业技术工作有了明确的行为准则。计量检定人员既要通过计量检定来确保计量单位的统一和量值的准确可靠,更要通过计量检定来履行服务经济建设、促进科技发展、维护国家和人民的利益的根本职责。无论是计量检定规程的制定和实施,还是计量器具新产品的型式评价、计量器具产品的质量监督等工作,都应该按计量监督管理要求,从有利于经济发展、有利于科技进步、有利于保护国家和人民的利益的高度出发,正确地处理工作中所发生的各种问题,认真做好为经济服务、为企业服务、为消费者服务的各项工作。

任何一部法律法规,都有其调整范围。《计量法》第二条说明了计量法适用的地域和调整对象,即在中华人民共和国境内,所有公民、法人和其他组织,凡是使用计量单位,建立计量基准、计量标准,进行计量检定,制造、修理、销售、使用计量器具和进口计量器具,开展计量认证,实施仲裁检定和调解计量纠纷,进行计量监督管理方面所发生的各种法律关系,均为《计量法》适用范围,都必须按照《计量法》的规定加以调整,不允许随意变更,各行其是。

根据我国的实际情况,《计量法》侧重调整的是国家计量单位制的统一和量值的准确可靠,以及影响社会经济秩序,危害国家和人民利益的计量问题,不是计量工作中所有的问题都要立法。也就是说,主要限定在对社会可能产生影响的范围内。例如,教学示范中使用的计量器具或家庭自用的部分计量器具,量值准确与否对社会经济活动没有太大影响,就不必立法调整。如果不适当地将调整范围规定的过宽,一是没必要,二是难以实施,反而失去了法律的严肃性。

(三) 计量的分类

目前,比较成熟和普遍开展的计量科技领域可以分为长度计量、热工计量、力学计量、电磁计量、无线电计量、时间频率计量、声学计量、光学计量、化学计量、电离辐射计量十大计量领域。

1) 长度计量是对物体几何量的测量技术。生活中常用到直尺、钢卷尺,在军事和交通中广泛应用的卫星定位系统等,都是长度计量的研究成果。

2) 热工计量(温度计量)是指利用各种物质的热效应来测量温度的计量技术。温度测量技术包括:热电偶、热电阻、水银温度计、红外温度计、温度灯、温度仪表及自动测控装置、温度巡检仪、热像仪等。

3) 力学计量是涉及质量、力值、密度、容量、力矩、机械功率、压力、真空、流量及位移、速度、加速度、硬度等量的测量，如市场上的公平秤、电子计价秤、水表、燃气表、出租车计价器等准确与否都是由力学计量来保证的。

4）电磁计量是研究电磁量测量及其应用的科学与技术。测量对象包含：电学量（电压、电流、电阻、电容、电感、电能、功率等）、磁学量（磁场强度、磁通量、磁感应强度等）、高频参数（频率、相位、介电常数、磁导率等）。

5）无线电计量指无线电技术所用全部频率范围及电气特性的测量。测量对象包括：电信号、电路参数、电信号特性、高低频电压、脉冲、高频电感电容、失真度、数据采集系统等。

6）时间频率计量用于测量频率值和时间间隔。主要服务领域为：通信、航天、国防、电子、家电、医疗、科研、电视、服务等领域，如报时服务，各类（手机、电话、停车）服务计时等。

7）声学计量是通过介质把声发射量和声接收器耦合起来，进行声学量的测量。测量对象包括：水声、电声、声压、声强、声功率、声速等。

8）光学计量是研究光辐射量和光辐射在介质中的传播性质的测量技术。测量对象包括：光度、辐射度、发光强度、光通量、光能量、亮度、照度、辐射能量、感光度、色度等。

9）化学计量是借助高精度的计量装置、计量方法和各种标准物质，通过标定工作仪器仪表，以保证化学参量的准确一致计量，主要是针对热量、黏度、密度、电导率、浊度等物质化学特性的测量。化学计量与人民群众日常生活密切相关，如饮用水的纯净度、食品中的有害物质含量等。

10）电离辐射计量是建立放射性基准器、标准器，对辐射源放出的射线，进行准确测量，是指X射线、γ射线、电子线计量、中子剂量等的有关参数的测量。电离辐射计量涉及医疗、工业、农业、军事、环境监测等方面。

（四）新兴计量领域

2022年11月召开的第27届国际计量大会（CGPM）提出，全球计量界需要共同应对七大"新兴计量需求"，包括气候变化与环境、健康与生命科学、食品安全、能源、先进制造、数字化转型和"新"计量，把建立计量跨学科工作放在突出位置。

1）气候变化与环境计量，涉及对环境参数的准确测量和监测，包括空气质量、水体质量、土壤污染等。这一领域具有较大的实际意义和社会需求，但目前在技术和标准化方面还有待进一步发展。

2）健康与生命科学计量，涉及生物医学、生理学、药物学等领域，如生物分子结构、细胞功能、人体生理参数等的测量和分析。这一领域与生命科学、医学、农业等密切相关，但由于技术难度较大、研究深度不足等原因，目前发展尚不成熟。

3）食品安全计量，涉及食品质量、营养成分、添加剂等方面的测量和监测，以确保食品的安全和可靠性。这其中包括化学、生物学、物理学、毒理学等，需要专业的技术和设备来进行准确的测量和分析。

4）能源计量，涉及能源的测量和监测，以满足对能源高效利用和可持续能源发展的需求。

5）先进制造计量，涉及制造业的测量和监测，以满足对高精度、高质量、高效率制造的需求。这其中往往涉及多学科领域的计量技术，如材料科学、纳米技术、工程测试等，需要跨学科的合作和深入研究，目前发展还相对不够成熟。

6）数字化转型计量，它是对计量领域进行全面、深入的改造和升级，实现计量工作的数字化、智能化、网络化和协同化。数字化转型计量是数字化时代的重要应用领域之一，对于提高计量工作的效率和准确性、促进产业升级和经济发展具有重要意义。未来随着数字化技术的不断发展和应用，数字化转型计量的应用范围和深度也将不断拓展和加强。

7）"新"计量，这是一个比较广泛的需求，涉及新的测量技术和方法的研究和应用，以满足不断变化的应用需求和市场环境。

这些新兴计量需求的提出是为了应对全球性计量重大挑战并制定计量发展战略，以满足不断变化的应用需求和市场环境。同时，这些新兴计量需求的实现需要建立相应的国际计量合作机制和跨学科工作组，以促进全球计量界的合作和发展。

二、计量检定和校准

（一）检定和校准概述

1. 检定

检定是计量领域中的一个专业术语，是对测量仪器、计量器具的检定，简称计量检定或检定。检定的定义是"查明和确认测量仪器符合法定要求的活动，它包括检查、加标记和/或出具检定证书"。也就是说，检定是为了评定计量器具是否符合法定要求，确定其是否合格所进行的全部工作。

检定具有法制性，其对象是《中华人民共和国依法管理的计量器具目录》中的计量器具，包括计量标准器具和工作计量器具，可以是实物量具、测量仪器、测量系统。

检定的目的是查明和确认计量器具是否符合有关的法定要求。法定要求是指按照《计量法》对依法管理的计量器具的技术和管理要求。对每一种计量器具的法定要求反映在相关的国家计量检定规程及部门或地方计量检定规程中。

检定方法的依据是按照法定程序审批公布的计量检定规程。国家计量检定规程由国务院计量行政部门制定，没有国家计量检定规程的，由国务院有关主管部门和省、自治区、直辖市人民政府计量行政主管部门分别制定部门计量检定规程和地方计量检定规程。

检定工作的内容包括对计量器具进行检查，它是为确定计量器具是否符合该器具有关法定要求所进行的操作。这种操作是依据国家计量检定系统表所规定的量值传递关系，将被检对象与计量基准、标准进行技术比较，按照计量检定规程中规定的检定条件、检定项目和检定方法进行试验操作和数据处理。最后按检定规程规定的计量性能要求（如准确度等级、最大允许误差、测量不确定度、影响量、稳定性等）和通用技术要求（如外观结构、防止欺骗、操作的适应性和安全性及强制性标记和说明性标记等）进行验证、检查和评价，对计量器具是否合格，符合哪一准确度等级做出检定结论，并按检定规程规定的要求出具检定证书或加盖印记。结论为合格的，出具检定证书和/或加盖合格印；不合格的，出具检定结果通知书或注销原检定合格印、证书。

2. 校准

校准是"在规定条件下的一组操作，其第一步是确定由测量标准提供的量值与相应示值之间的关系，第二步则是用此信息确定由示值获得测量结果的关系，这里测量标准提供的量值与相应示值都具有测量不确定度"。

校准是按使用的需求实现溯源性的重要手段，也是确保量值准确一致的重要措施。

（二）检定、校准的不同之处

1. 目的不同

检定的目的是对测量装置进行强制性全面评定，是自上而下的量值传递过程。通过检定，评定测量装置的误差范围是否在规定的误差范围之内。

校准的目的是对照计量标准，评定测量装置的示值误差，确保量值准确，属于自下而上量值溯源的一组操作。校准除评定测量装置的示值误差和确定有关计量特性外，校准结果也可以表示为修正值或校准因子，是具体指导测量过程的操作。

2. 对象不同

检定的对象是我国计量法明确规定的强制检定的测量装置。《计量法》第九条明确规定：县级以上人民政府计量行政部门对社会公用计量标准器具，部门和企业、事业单位使用的最高计量标准器具，以及用于贸易结算、安全防护、医疗卫生、环境监测方面的列入强检目录的工作计量器具，实行强制检定。未按规定申请检定或者检定不合格的，不得使用。

校准的对象是属于强制性检定之外的测量装置。我国非强制性检定的测量装置，主要指在生产和服务提供过程中大量使用的计量器具，包括进货检验、过程检验和最终产品检验所使用的计量器具等。

3. 性质不同

检定属于强制性的执法行为，属法制计量管理的范畴。其中的检定规程、检定周期等全部按法定要求进行。

校准不具有强制性，属于自愿的溯源行为。这是一种技术活动，可根据实际需要，评定计量器具的示值误差，为计量器具或标准物质定值。

第二节　血培养仪的校准、影响因素分析及示例

血培养仪也称血培养检测系统，它是用于临床微生物实验室对人体血液或其他无菌液体等样本进行体外培养，再对其中微生物进行检测和判断培养结果的仪器。它被广泛地应用于医院、疾控中心、血站、药品检验、食品检验和其他无菌检测或特有菌种检测等。仪器通常由恒温孵育模块、振荡机构模块、检测系统及计算机外围设备组成。恒温孵育模块为微生物的快速增殖提供了一个稳定的环境，所以温度是其关键的

技术参数。血培养仪的校准则是依据相关血培养仪的校准规范进行的,保证其恒温孵育时各点温度偏差及波动性都在相关技术参数要求的范围内,继而可确保其物理参数量值的准确可靠,保障血培养仪对微生物快速灵敏地进行检测,为相关临床试验或医疗诊断等提供准确的判断依据。

一、血培养仪的校准

(一)校准依据及性能要求

血培养仪的校准应依据 JJF 1937—2021《全自动血液细菌培养分析仪校准规范》进行。根据 JJF 1937—2021,血培养仪的计量特性包括温度示值误差、温度波动度、温度均匀度、光源照度均匀度、光源照度重复性,其中温度参数指标参考 YY/T 0656—2008《自动化血培养系统》的要求,光学参数指标根据多个厂家、不同型号的仪器测试数据进行合理规定,见表 3-1。

表 3-1 全自动血液细菌培养分析仪的主要计量性能指标

计量性能	计量性能指标
温度示值误差/℃	±1.5
温度波动度/℃	±1.5
温度均匀度/℃	≤3.0
光源照度均匀度(%)	≤30
光源照度重复性(%)	≤10

注:表中计量性能指标不是用于合格性判别,仅供参考。

(二)校准用设备

血培养仪校准所用标准器为专用设备,为一种多参数校准装置。该装置由多个校准单元和数据接收终端组成,每个校准单元由壳体、充电接口、光学传感器和温度传感器等组成,校准单元可将监测的光学和温度参数无线传输给数据接收终端。温度测量范围满足 20℃~50℃,最大允许误差±0.1℃;光源照度测量范围满足 0lx~10000lx,最大允许误差±5.0%。

图 3-1 所示为 BCS-Calibrator 型自动化血培养系统校准装置。该装置在不同厂家型号上经过大量试验验证,性能可靠。其优点:配有 9 个高精度温度传感器和光学传感器;无线数据收发,适应不可布线测量的应用场景;温度测量和光学测量一体化;手机或平板计算机作为控制终端,波形数据可实时显示;内置可充电电池,工作时间大于 10h;探头插入式充电,无复

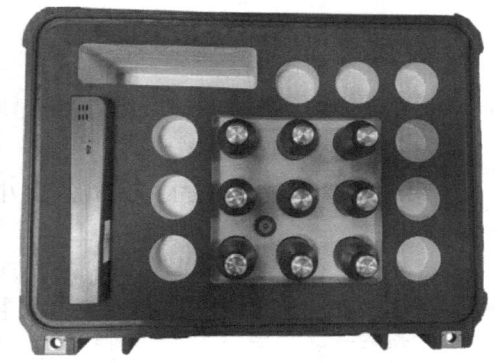

图 3-1 BCS-Calibrator 型自动化血培养系统校准装置

杂充电线。

（三）校准项目和校准方法

为保证校准顺利进行，需要提前准备好血培养仪多参数校准装置。将周围环境温度控制在血培养仪说明书允许范围内，系统开机预热，设定并达到目标温度，稳定2h。待温度和光源照度稳定后，将干式血培养仪在正常工作条件下按常规测试程序先行自校准。

1. 温度示值误差和温度波动度

将血培养仪校准装置放置在孔底部测试血培养用培养基所在位置的温度，每2min记录一次该测试点的温度，在30min内共测试15次。中心位置（分析仪的几何中心位置孔或接近几何中心最近的位置孔）实测最高温度与最低温度之差的一半，冠以"±"号，即为温度波动度，按照式（3-1）计算；温度设定值与15次测量的温度平均值之差为温度示值误差，按照式（3-2）进行计算。

$$\Delta T_f = \pm \frac{1}{2}(T_{omax} - T_{omin}) \tag{3-1}$$

式中　ΔT_f——温度波动度（℃）；

T_{omax}——中心位置分析仪校准装置15次测量中的最高温度（℃）；

T_{omin}——中心位置分析仪校准装置15次测量中的最低温度（℃）。

$$\Delta T_d = T_d - \overline{T}_o \tag{3-2}$$

式中　ΔT_d——温度示值误差（℃）；

T_d——分析仪的温度设定值（℃）；

$\overline{T}_o$——分析仪校准装置测得的中心位置温度平均值（℃）；

2. 温度均匀度

根据血培养仪加热模块的组成，选取具有代表性的位置孔（例如检测舱的中心孔和四周选取8个孔位），将分析仪校准装置放置在孔底部测试血培养用培养基所在位置的温度，在30min内（每2min测试一次）每次测试中实测最高温度与最低温度之差的算术平均值作为温度均匀度。

温度均匀度按照式（3-3）计算：

$$\Delta T_u = \sum_{i=1}^{n}(T_{imax} - T_{imin})/n \tag{3-3}$$

式中　ΔT_u——温度均匀度（℃）；

n——测量次数；

T_{imax}——各校准位置孔在第i次测得的最高温度（℃）；

T_{imin}——各校准位置孔在第i次测得的最低温度（℃）。

3. 光源照度均匀度

在血培养区域均匀选择9个位置孔（包括血培养区域中心位置孔）进行光源照度检测，每个位置孔分别测量6次，取6次测量结果平均值作为该位置孔光源照度。

光源照度均匀度按照式（3-4）计算：

$$N = \frac{E_{\max} - E_{\min}}{E_{\max} + E_{\min}} \times 100\% \tag{3-4}$$

式中　N——光源照度均匀度（%）；

　　　$E_{\max}$——血培养区域内各位置孔中光源照度最大值（lx）；

　　　$E_{\min}$——血培养区域内各位置孔中光源照度最小值（lx）。

4. 光源照度重复性

在血培养区域均匀选择9个位置孔（包括血培养区域中心位置孔）进行光源照度检测，每个位置孔分别测量6次，分别记录9个孔中的6次数值，并按照式（3-5）计算，取光源照度相对标准偏差最大值作为血培养仪光源照度重复性的表征。

$$RSD_E = \frac{1}{\overline{E}} \times \sqrt{\frac{\sum_{i=1}^{n}(E_i - \overline{E})^2}{n-1}} \times 100\% \tag{3-5}$$

式中　RSD_E——光源照度重复性（相对标准偏差）（%）；

　　　$\overline{E}$——所测孔位置光源照度的平均值（lx）；

　　　E_i——第 i 个孔位置的光源照度（lx）；

　　　n——第 i 个孔位置测试次数。

二、血培养仪校准影响因素分析

（一）校准工作前影响因素分析

1. 校准装置自查

自查主要包含校准装置的温度，光学传感器是否正常工作，变化是否及时等。如果装置包含无线传输，还应检查无线传输是否正常工作，否则将会影响校准时的效率及校准结果的准确性。

2. 仪器运行时间

按JJF 1937—2021《全自动血液细菌培养分析仪校准规范》要求，开始校准前，应将仪器开机预热，设定并达到目标温度，稳定2h。通常此仪器为常开，并设定为37℃，但还是应在开展校准前和仪器操作员确认好仪器状态。如果仪器运行时间不够，升温过程将变得极为漫长，可能导致校准过程中对温度相关参数测量不准确。

3. 仪器状态稳定

应提前和仪器操作员确认仪器状态，是否经常发生不明原因的报警及显示未达设定温度的情况，如有此情况，建议维修后再进行校准。

（二）校准过程中影响因素分析

1. 校准装置数据传输

此项主要针对通过无线方式使探头和显示器相连的校准装置。个别校准装置的无线传输模块及接收模块的有效传输范围极其有限，或者穿透力不强，有些校准装置或因关舱门或因位置不合适导致接收不到信号使相关参数读取不到，从而导致结果偏大。

2. 仪器操作

在现场校准过程中，会遇到仪器操作员添加新的培养瓶或取出到达培养天数培养瓶的情况。不管少量还是大量操作均会影响测量结果，建议进行校准前和仪器操作员商议好：如果是多舱，每舱留出足够的检测孔，将对应的培养瓶转移到空余较多的舱，添加新的也是如此；如果只有一个舱，应尽量避免出现此类操作，若难以避免，短时间影响不大，长时间开闭舱门建议重新进行校准。

3. 校准装置放置深度与旋转角度

培养孔为具有一定深度的圆形孔洞，其尺寸与血培养瓶契合，在培养过程中，为微生物提供了稳定的恒温孵育环境。因此，放入的专用校准装置应注意插入同一深度，尽量还原培养瓶的实际情况，避免因为插入深度不一致导致温度检测结果不准确。同时，在孔洞底部有光源存在，这是血培养仪光电系统的一部分，通过不同原理对微生物是否生长做出判断。根据校准装置的光学芯片设计位置不同，采集到的光源强度也会不同，需要校准员旋转角度并观察数据采集情况，选取最为适合的位置摆放。

4. 其他操作

校准员进行校准时，应注意避免接触探头传感器及探头开关。填写原始记录时，应注意保证数据的准确性。如果转移电子数据，则应注意核查，直接采用电子数据应观察是否有缺失。

三、血培养仪校准示例

（一）概述

国内某家企业的血培养仪具有 32 个培养孔，可同时检测 32 个血培养瓶，每 10min 自动扫描一次全部孔位。其主要计量特性指标见表 3-2。

表 3-2　血培养仪的主要计量特性指标

计量性能	计量性能指标
温度示值误差/℃	±1.5
温度波动度/℃	≤3.0
温度均匀度/℃	≤3.0
光源照度均匀度(%)	≤30
光源照度重复性(%)	≤10

（二）血培养仪的校准

1. 校准依据

JJF 1937—2021《全自动血液细菌培养分析仪校准规范》。

2. 校准项目

温度示值误差、温度波动度、温度均匀度、光源照度均匀度、光源照度重复性。

3. 校准设备

采用 Temp-Cali BCIX 血培养仪专用无线校准装置（见图 3-2）进行校准。

Temp-Cali BCIX 血培养仪专用无线校准装置的功能和使用如图 3-3、图 3-4 所示。校准装置结构呈与标准血培养瓶尺寸一致的圆柱形。半径一致确保标准器能够完全贴合培养室内壁，真实模拟培养瓶所处温场情况；高度一致确保标准器在不同孔位插入深度一致，保证光程一致性，避免由于插入深度不同导致光照度均匀性检测结果不准确。

图 3-2　Temp-Cali BCIX 血培养仪专用
无线校准装置

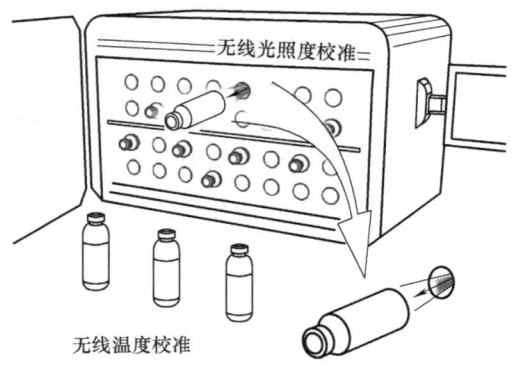

图 3-3　Temp-Cali BCIX 血培养仪专用
无线校准装置的功能

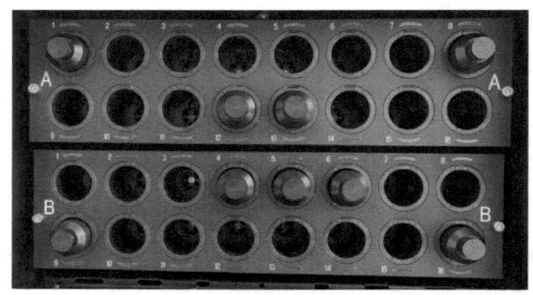

图 3-4　Temp-Cali BCIX 血培养仪专用无线校准装置的使用

校准装置中部具有温度传感器，底部具有光学传感器，因此可以同时对温度及光学参数进行检测。温度测量范围为 20℃~50℃，准确度±0.05℃，不确定度 $U = 0.10$℃（$k=2$）；光强度测量范围为 0lx~10000lx，最大允许误差为±2%。该温度光学参数高精度一体化校准装置具备无线数据实时收发功能，续航 2 年，配套软件可对标准器进行独立或同步控制及数据展示，可实时观测检测数据。所测温度曲线如图 3-5 所示，光源照度曲线如图 3-6 所示。检测完成后，软件智能分析数据并自动生成校准报告。

4. 校准点

温度：35℃；光源照度：无须特殊设定，血培养仪自动检测，自动发光。

5. 环境条件

温度：25.5℃；相对湿度：40%。

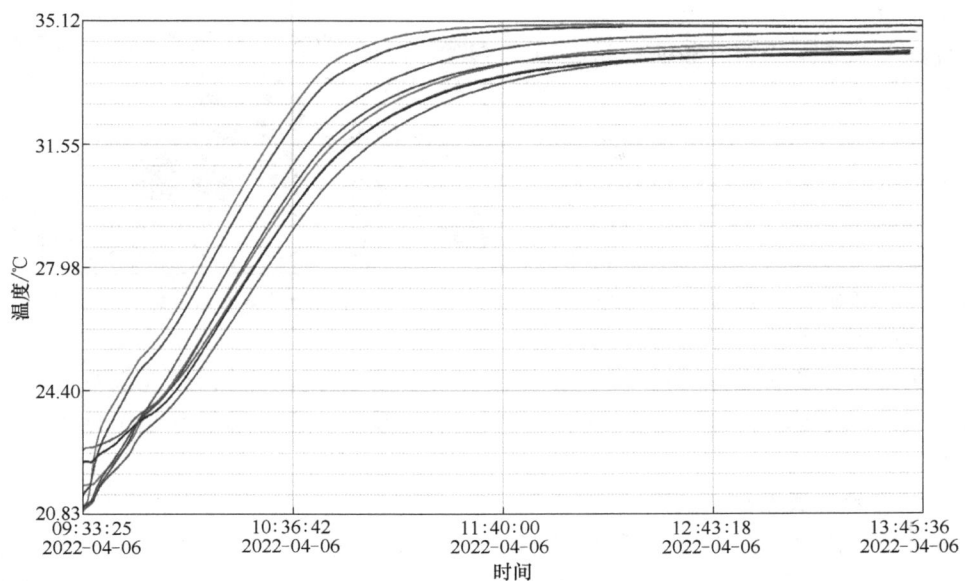

图 3-5 温度曲线

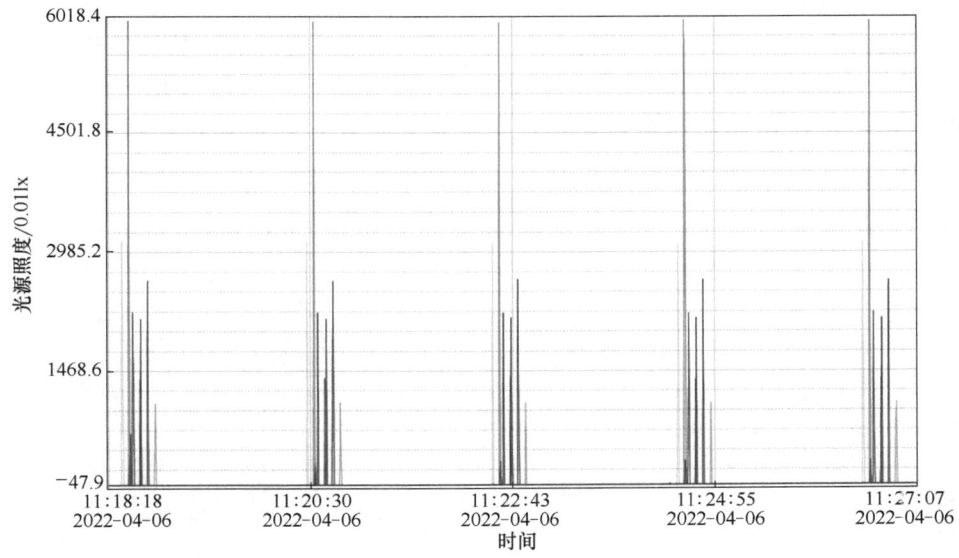

图 3-6 光源照度曲线

（三）血培养仪的校准结果

1. 校准布点图

校准设备为空载状态，设备通量为 32 个培养孔位。根据校准规范及其结构特点，校准示例选取如图 3-7 所示布点位置，设备无明确中心位置，因此选择临近中心位置及四角进行布点。

对血培养仪进行校准时，原则上应根据校准规范要求进行布点，应包含中心位置及四周位置。在实际校准过程中，医院的血培养仪普遍处于在用状态，正在培养检测的血培养瓶在放入设备前是经过扫码对应位置的。校准前，校准人员应与医院实验室人员进行布点位置的沟通和确认，在未告知实验室人员前，不应因布点需要移动设备内部的

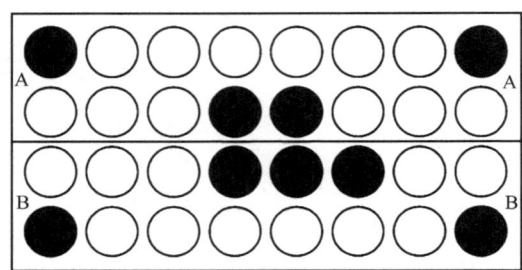

图 3-7 校准布点图

血培养瓶，以免影响设备误报"阴性"或"阳性"。实际操作时，校准人员应根据设备情况结合规范要求，尽可能选择能最大限度反应设备控温准确性和均匀性的位置进行布点。

2. 温度示值误差和温度波动度

将血培养仪设定为35℃，开机运行2h，温度稳定后，对血培养仪的中心位置进行测试，每2min记录一次温度值，在30min内共测试15次。按照式（3-2）计算温度示值误差，按照式（3-1）计算温度波动度。其校准数据及分析结果见表3-3。

3. 温度均匀度

温度稳定后，根据血培养仪加热模块的组成，选取具有代表性的位置孔（如包含检测舱的中心孔和四周共计选取9个孔位），进行温度测试，每2min记录一次温度值，在30min内共测试15次。按照式（3-3）计算温度示值误差。其校准数据及分析结果见表3-3。

表 3-3 温度校准数据及分析结果

时间/min		2	4	6	8	10	12	14	16	18	20	22	24	26	28	30
不同位置孔测量值 $\overline{T_i}$/℃（其中1为中心位置孔）	1	34.07	34.07	34.09	34.09	34.09	34.09	34.10	34.10	34.10	34.12	34.12	34.12	34.13	34.13	34.13
	2	34.95	34.95	34.95	34.95	34.95	34.95	34.95	34.95	34.95	34.95	34.95	34.95	34.95	34.95	34.95
	3	34.26	34.27	34.27	34.27	34.27	34.29	34.27	34.27	34.27	34.29	34.29	34.29	34.30	34.29	34.29
	4	34.07	34.07	34.07	34.07	34.09	34.09	34.09	34.10	34.10	34.10	34.10	34.10	34.10	34.12	34.12
	5	34.40	34.40	34.41	34.41	34.43	34.43	34.43	34.43	34.43	34.44	34.44	34.44	34.44	34.46	34.46
	6	34.31	34.33	34.33	34.33	34.43	34.33	34.33	34.33	34.33	34.33	34.33	34.33	34.34	34.34	34.34
	7	34.71	34.71	34.72	34.72	34.72	34.72	34.72	34.72	34.74	34.74	34.74	34.74	34.74	34.74	34.74
	8	34.07	34.07	34.08	34.10	34.10	34.11	34.11	34.11	34.13	34.15	34.15	34.15	34.16	34.16	34.16
	9	34.99	34.98	34.99	34.99	34.98	34.98	37.98	34.98	34.98	34.98	34.98	34.98	34.98	34.96	34.96
仪器温度设定值 T_0/℃									35.0							
温度示值误差 ΔT/℃									0.05							
温度示值误差测量结果的扩展不确定度 U/℃									0.17($k=2$)							
温度波动度 ΔT_f/℃									±0.03							
温度波动度测量结果的扩展不确定度 U/℃									0.18($k=2$)							
温度均匀度 Δt_u/℃									0.88							
温度均匀度测量结果的扩展不确定度 U/℃									0.17($k=2$)							

4. 光源照度均匀度

在血培养区域均匀选择9个位置孔（包括血培养区域中心位置孔）进行光源照度检测，每个位置孔分别测量6次，取6次测量结果平均值作为该位置孔光源照度，按照式（3-4）计算光源照度均匀度。其校准数据及分析结果见表3-4。

5. 光源照度重复性

在血培养区域均匀选择9个位置孔（包括血培养区域中心位置孔）进行光源照度检测，每个位置孔分别测量6次，分别记录9个孔中的6次数值，并按照式（3-5）计算，取光源照度相对标准偏差最大值作为分析仪光源照度重复性的表征。其校准数据及分析结果见表3-4。

表 3-4 光源照度校准数据及分析结果

不同位置孔		1	2	3	4	5	6	7	8	9
光源照度/lx	测量值	1264.97	1327.45	1142.92	1125.15	1096.78	1557.79	1062.48	1471.56	1672.41
		1262.33	1323.32	1140.56	1124.87	1093.00	1559.34	1065.82	1473.64	1676.29
		1259.99	1331.65	1145.21	1128.56	1091.87	1560.59	1063.27	1469.46	1671.95
		1260.15	1328.10	1140.85	1127.31	1092.31	1562.46	1060.75	1475.67	1669.59
		1265.01	1323.88	1141.61	1121.36	1097.82	1553.53	1066.63	1468.59	1670.98
		1263.52	1330.57	1147.39	1122.98	1095.75	1554.79	1061.99	1474.29	1674.49
	平均值	1262.66	1327.50	1143.09	1125.04	1094.59	1588.08	1063.49	1472.20	1672.62
光源照度重复性(%)		0.18	0.26	0.24	0.24	0.23	0.22	0.21	0.19	0.14
		0.26								
光源照度均匀性(%)		22.5								

第三节 校准证书确认及示例

一、概述

实验室收到校准证书后，应立即核查证书的校准结果，确认其是否满足校准规范的要求，根据校准证书给出的结果做出与预期使用要求的符合性判定，这个过程就是证书确认。

在 RB/T 214—2017《检验检测机构资质认定能力评价 检验检测机构通用要求》中"确认"的概念为"对规定要求是否满足预期用途的验证"。可以通俗地理解为"确认"就是验证仪器设备是否能够达到预期使用要求。新购置的仪器设备、维修过的仪器设备等，它们的性能是否稳定正常，它们的计量结果是否满足使用需求等，这就需要对计量证书进行确认。

在实际工作中，大部分实验室都能按时将仪器设备送至计量技术机构进行检定/校准，但往往却忽略仪器检定/校准后的工作，没有对其进行结果确认，或是由于人员能力等各种原因没有正确、有效地确认，这些都会导致严重的后果。所以我们要认清证书确认的重要性、明确证书确认的内容、分析证书确认存在的问题、总结证书确认的方法、正确实施证书的确认工作。

二、证书确认的重要性

做好计量证书确认工作至关重要，不仅可以确保量值准确一致，还能有效提高仪器设备使用部门的管理水平，降低使用风险，避免严重的后果。

对实验室所使用的血培养仪进行校准，只是量值溯源其中的一个主要部分，拿到校准证书后还需要进行准确、有效地确认，这才是量值溯源的一个完整过程，证书确认是确保量值准确一致的必要措施。通过校准证书确认血培养仪是否符合校准规范的要求，是否满足预期使用需求，直接关系血培养仪的后续使用效果，是质量控制的重要环节。

做好血培养仪校准证书的确认工作，是开展血液细菌培养工作的基础，也是医院、科研院所加强仪器设备量值溯源管理的重要环节，对实验室的良性运行有着重要的意义。

三、证书确认的要求和依据

血培养仪的证书确认依据以下文件：

1）RB/T 214—2017《检验检测机构资质认定能力评价　检验检测机构通用要求》。
2）CNAS-CL 01—2018《检测和校准实验室能力认可准则》。
3）YY/T 0656—2008《自动化血培养系统》。
4）JJF（川）171—2020《血液细菌培养仪校准规范》。

对于实验室，无论是内部审核还是外部审核（资质认定或实验室能力认可）或是其他各种监督检查，仪器设备的管理历来都是必查项，关注度极高，尤其是仪器设备检定/校准结果的确认。所以不管是 GB/T 214—2017《检验检测机构资质认定能力评价　检验检测机构通用要求》，还是 CNAS-CL 01—2018《检测和校准实验室能力认可准则》，都对仪器设备的检定/校准结果确认做出了明确要求。

CNAS-CL 01—2018 第 5.5.2 条规定：设备在投入使用前应进行校准或核查，以证实其能够满足实验室的规范要求和相应的标准规范。

RB/T 214—2017 第 4.4.3 条款规定：设备在投入使用前，应采用核查、检定或校准等方式，以确认其是否满足检验检测的要求。

对血培养仪证书的技术能力确认，重点参照校准规范 JJF（川）171—2020《血液细菌培养仪校准规范》及使用部门相关项目对血培养仪的技术要求。

四、证书确认内容

证书确认的内容至少包括合法性、溯源性、技术能力和信息完整性四个方面。

(一) 合法性确认

确认提供证书的计量技术机构的资格,查阅有效授权及量值溯源情况是否在授权范围内。对血培养仪进行校准的单位进行审查,其校准能力范围(比如 CNAS 资质)中是否包含血培养仪性能的参数,同时审查证书中所用校准方法是否符合要求。

(二) 溯源性确认

指对血培养仪校准结果的确认,要对其量值溯源结果的有效性进行审查,即对校准服务商或内部校准所使用标准计量器具的计量性能、精度等级、证书有效期及能否溯源到国家基准情况进行审查。参照计量校准规范、本机构内部计量管理要求等有关规定,确认校准证书是否满足被校血培养仪计量性能的要求。

(三) 技术能力确认

指对校准证书给出校准结果,证明仪器技术参数符合规范要求,应检查这些参数是否满足试验、检测要求,对多个参数分在不同证书体现的情况,应合并后按仪器设备的使用要求进行综合能力确认,对校准证书中给出的各项技术性能指标,特别是准确度等级、示值误差、测量不确定度等信息是否符合使用要求进行审查,对校准结果、有效期和校正因子等进行确认。如果有修正值、校准因子、校准曲线等应传递到仪器的使用部门,便于对试验结果进行校正。

(四) 信息完整性确认

指对血培养仪校准证书中的各要素是否完整进行审查,确认校准证书的基本信息与被校血培养仪是否一致,比如校准依据、校准环境、设备名称、型号规格、设备编号、技术机构、证书编号、校准地点、校准日期等。确认证书是否有错误信息,比如文字、数值、单位、符号等印刷错误。

五、证书确认方法

根据本节第四部分中证书确认内容,证书确认的工作可以做如下划分:证书的合法性确认、溯源性确认和信息完整性确认建议由计量管理岗位工作人员来进行;校准结果的技术确认建议由仪器设备使用人员来确认。

技术能力确认时,使用人应根据校准结果,以预期使用要求为判定依据,进行符合性判定。其中,应按检验检测标准、校准规范或仪器性能指标对仪器设备的准确度或最大允许误差或其他指标要求进行确认,标准选择的顺序依次为检验检测标准、校准规范、仪器性能指标。

进行校准证书技术能力确认,使用部门不需考虑校准证书的扩展不确定度的影响,可直接将最大允许误差(MPE),与校准证书中的示值误差 Δ 的绝对值进行比较,示值误差 Δ 的绝对值小于或等于其最大允许误差(MPE)的绝对值时,表示仪器设备可正常使用,判定为合格;当示值误差 Δ 的绝对值大于其最大允许误差(MPE)的绝对值时,表示校准示值误差不能完全满足确认依据要求,仪器设备不能正常使用,判定为不合格。

六、证书确认中的重点

以下问题是证书确认中需要关注的重点：

1) 校准机构提供的校准证书数据不全，或所校准的量程范围不是设备常用量程。
2) 未进行测量不确定度评定，无测量不确定度结果。
3) 校准和自校准证书确认时的输入输出内容不完整，一般只确定了时间间隔、有效期，而忽视了对测量不确定度应用、校正因子及其使用规则的确认结论。
4) 未列出结果评价确认依据的标准、规程及技术文件，无法进行技术参数比对。
5) 无溯源机构资质能力信息，特别是检定、校准所用标准器具信息。
6) 确认结论中无设备状态标识信息。

七、证书确认后问题处理

对确认不合格的仪器设备，若还准许使用，当校准证书给出修正因子（修正值）时，则需将修正因子（修正值）带入计算；校准证书未给出修正因子（修正值），还需计算修正因子（修正值）并将修正因子（修正值）运用到实际检验检测活动中；若仪器设备性能不正常，则应在维修调试完成后，重新开展此仪器设备的校准和校准证书确认工作。

特殊情况下，在对检验结果关键控制点评估中，如果进行仲裁、复验样品检测或仪器设备使用证书人员认为必要时，可考虑校准证书的扩展不确定度是否影响校准确认结果的符合性。可按照国家计量技术规范 JJF 1094—2002《测量仪器特性评定》中对测量仪器示值误差符合性评定的基本要求进行是否符合预期使用要求的评定。

八、证书确认工作存在的误区

证书确认中的问题，有的是因为校准机构工作质量不合格，可以通过调整计量技术机构的方式剔除，但更多的还是仪器使用单位自身的问题。

1) 概念模糊，不理解证书确认的意义，只是形式上的确认。一些仪器设备的使用单位对标准、规范中仪器设备的要求不明确，对证书确认的意义和目的不了解，只是为了应付考核、评审等强制要求而确认，失去了证书确认的意义；还有些使用单位，确认表格做成制式的套用格式，万能模式，内容也只是把校准证书的内容完全搬过来，给个"准用"的结论，实际上检测标准、技术规范的要求是什么，仪器设备的精度是多少，完全不知道。对于这两种情况，我们要加强学习，理解证书确认的概念及意义，准确把握标准、规范中对仪器设备的要求，做到真正意义上的证书确认。

对于这种情况，不能一味地依赖法定计量技术机构，虽然仪器设备通过了检定，但不一定满足检测标准、试验规范中对仪器设备的要求，所以对于检定的结果，还是要结合标准、规范做好有效的确认。

2) 确认不全面，只对校准证书确认。有些单位认为检定证书，是具有资质的法定计量技术机构出具的，合法且有效，并且法定计量技术机构对仪器设备的计量是专业的，所以只要送到这种权威机构，按时检定，拿到检定证书就高枕无忧了，无须确认。从量值传递角度出发，法定计量检定机构在配置仪器设备时，就是按照标准要求及精度来配置的，所以检定证书如果给出"合格"结论或等级，就说明满足检测标准规范的要求，不用多此一举来做检定证书的确认。事实上不管是检定证书还是校准证书，都应该进行结果的确认，比如同一台设备可能检测不同的对象，而不同被测对象对检测设备的测量范围和精度的要求又是不一样的。使用单位是按照标准、规范要求及精度配置了仪器设备，但不能代表购置的仪器设备完全满足要求，也有可能使用精度下降等不能满足检测标准或试验需求的仪器设备，所以检定证书同样需要进行证书确认。

3）人员能力欠缺，不能有效确认。在实际的确认工作中，人员能力的欠缺往往导致不能有效确认。比如使用人员反映某仪器设备没有精度的要求，没办法确认。虽然大多数仪器设备规格、精度等都是有要求和出处的，但有可能确认人员只知其一不知其二，只关注产品标准而忽略方法标准，或是忽略常识及特殊行业仪器设备的要求等，从而导致无法确认。

一些使用者认为有的检定/校准证书和实际需要的测量范围、测量点没关系，或是缺少信息，无法确认。其实是仪器设备的使用人员能力及沟通欠缺造成的。在仪器设备计量之前，使用人员要熟悉仪器设备的基本功能，熟悉仪器设备的测量范围、测量点等，也要熟悉标准的要求，根据自身使用需要向计量技术机构提出具体要求。

人员能力对仪器设备检定/校准结果有效确认至关重要，结果的确认是一项技术工作，确认的人员不仅要对检测标准规范要求、精度要求熟悉，还要有相应的计量方面的基础知识，同时对于仪器设备的简单原理及功能也要熟悉，这样才能做好证书确认工作。

4）确认结果不能与实际工作相结合。结果进行了有效性确认，也出具了准用、停用等的结论，但也不能宣告这项工作的结束，而是要让确认结果与实际工作相结合。比如，测量不确定度、修正因子的使用，很多使用单位往往忽视这些因素，确认只是走完确认记录而已，修正因子也只限于留在文档中，有些甚至没有修正因子一说，实际工作中还是在使用带有误差的仪器设备，从而导致检测数据的不准确，甚至出现错误，造成严重后果。

九、血培养仪证书确认示例

下面以某品牌血培养仪校准证书为例，来说明确认内容：

（一）校准证书信息完整性确认

1）被校仪器名称：×××血培养仪。
2）仪器生产厂家：××××××有限公司。
3）仪器型号：××××。
4）仪器编号：××××××××。
5）计量管理编号：×××××××。

6) 校准日期：××××年××月××日。
7) 校准证书编号：×××××××。
8) 签字人（校准人、核验人及批准人）信息。
9) 所用校准规范：JJF（川）171—2020《血液细菌培养仪校准规范》。
10) 校准环境条件：温度24℃，湿度53%RH。

校准证书信息完整性确认结论：该校准证书的基本信息完整正确，不存在文字、数值、单位、符号等印刷错误。

（二）合法性确认

对于计量机构的合法性确认应在送检之前完成，该机构应是列入服务商目录的机构。

1) 校准单位：××计量科学研究院。
2) 授权证书编号：（国）法计（2022）×××。
3) 授权有效期：××××年××月××日。
4) 标准器/装置主要参数信息。

溯源机构合法性确认结论：该溯源机构资质能力是否合法，是否在授权有效期内。

（三）溯源性确认

从校准证书上的信息可以看出，校准服务机构使用标准计量器具的计量性能、精度等级、证书有效期，能够溯源到国家基准。参照JJF（川）171—2020《血液细菌培养仪校准规范》有关规定，校准机构出具的证书合理，项目完整，结果有效。

（四）技术能力确认

该部分确认工作是对量值溯源结果合格与否的判定，所有信息应由计量技术机构在确定量值溯源结果时给出，这是判定该设备是否为正确配备的依据。由于每台设备的计量性能不同，相应指标项目名称、指标值也会不同。

确认内容：

1) 温度偏差为-1.2℃，满足校准规范中温度偏差±1.5℃以内的要求。
2) 温度波动性为2.1℃，满足校准规范中温度波动性3.0℃的要求。
3) 校准结果的扩展不确定度为$U=0.5℃$（$k=2$）处于可接受范围内。
4) 仪器的灵敏度为0.1℃，分辨力为0.1℃。

技术能力确认结论：该仪器的测量范围、灵敏度、分辨力、误差、波动性等技术参数满足技术能力确认要求。

（五）证书确认结论

给出确认结论，是合格、准用还是停用。确认人签字确认，并由单位技术负责人等相关有资质的技术人员审核批准。确认过程、结果应予记录，并做好相应确认标识。

1) 合格结论：经过对校准证书的确认，该仪器满足本单位血液细菌培养工作的要求，可以应用于实验室的相关项目中。

2）停用结论：经过对校准证书的确认，该仪器不满足本单位血液细菌培养工作的要求，建议封存停用。

3）准用结论：经过对校准证书的确认，该仪器使用过程中需要进行数据修正，同时将校准证书中的修正值、校准因子、校准曲线等应传递到仪器的使用部门，便于使用过程中对数据进行校正。

第四节　血培养仪的性能验证及示例

一、血培养仪性能验证目的

临床微生物实验室目前广泛采用全自动血培养系统对血液微生物病原菌感染情况进行监测。临床微生物实验室血培养仪器（自动化系统）性能验证的主要目的是评估系统使用的培养基能否用于培养临床常见微生物（包括专性需氧菌、兼性厌氧菌、酵母菌、厌氧菌、苛养菌等）及仪器能否及时检测出血液中的大部分病原菌。

二、血培养仪性能验证要求

1. 验证时机

血培养仪进行性能验证的时机包括但不限于：①血培养仪检验程序常规应用前；②任何严重影响血培养仪检验程序分析性能的情况发生后，应在检验程序重新启用前进行验证，如仪器主要部件故障、仪器搬迁、设施和环境的严重失控等；③常规使用期间，实验室基于检验程序的稳定性，定期对血培养仪器的分析性能进行评估，以满足检验结果预期要求；④现用检验程序的任一要素变更，如仪器、试剂、校准品发生变更，仪器更新、培养瓶升级、校准品溯源性改变等，应重新进行验证。

2. 人员要求

血培养仪性能验证的职责应由实验室承担。设备厂商、供应商和仪器管理部门的咨询人员需要时可以提供建议和帮助，性能验证试验实施前应成立血培养仪性能验证小组，确定验证方案制定、实施、审核批准等人员并规定各类人员的职责。一般包括三类人员：①负责人，负责血培养仪性能验证管理工作，了解验证方案，指导制定血培养仪性能验证计划并组织实施。应为熟悉仪器设备且具有相关检测领域知识的专业人员；②验证实施人，负责血培养仪性能验证计划的制定并组织具体实施。应为熟悉血培养仪器方法原理与日常操作，包括血培养样本处理、血培养仪器校准、维护程序、质量控制等，可确保检测系统工作状态正常，具有相当的实际工作经验的人员；③监督审核人，负责对验证过程实施监督，对验证结果进行审核。应具有相关检测领域工作经验的专业人员。以上人员应在仪器验证方面接受适当且足够的培训，并按规范要求保持培训记录。需要注意的是，实施性能验证过程中验证实施人和监督审核人不可为同一人。

3. 试剂与材料要求

血培养仪性能验证过程中所使用的试剂与材料需要：①能覆盖血培养主要检测项

目和常用血培养仪器的验证;②性能验证过程中使用到的试剂与材料应优先使用国产有证产品且易于购得,价格合理;③验证过程使用的试剂和材料应为同一批号;④选择用于验证的菌株应覆盖临床常见微生物病原菌或具有代表性的菌株;⑤用于性能验证的菌株最好选择具有溯源保证的标准样品,且不易造成实验室污染和传染源播散;⑥若选择保存的临床菌株进行验证,该菌株需经过质谱仪或分子生物学方法进行鉴定;⑦不同品牌的仪器均可以检测该验证菌株,且检测结果具有可比性。

三、血培养仪性能验证

1. 血培养仪性能验证方法

血培养性能验证可采用血培养仪留样验证和血培养系统平行比对两种方法。留样验证即使用标准菌株或既往留存的已知确定的菌种直接对血培养仪进行性能验证。其优点在于方法简单,便于操作,既可评估其检测不同病原菌的能力,也可对不同地区、特殊病种的病原菌进行验证,是临床通常采用的验证方法。血培养系统平行比对可用于评估验证系统和参比系统检出细菌能力的一致性,但需要样本量大,临床采样有难度。实验室可根据医院病人数量和地区、病种特征等具体情况,比较两种方法的特点选择其中一种适宜的验证方法,或两种方法同时应用。

2. 血培养仪留样验证

(1) 验证要求　血培养性能验证应覆盖临床常见微生物,需氧成人/儿童血培养瓶验证菌株应包括需氧/兼性厌氧革兰氏阳性菌、需氧/兼性厌氧革兰氏阴性菌、苛养菌(如:流感嗜血杆菌、肺炎链球菌等)和真菌,厌氧血培养瓶验证菌株应包括兼性厌氧革兰氏阳性菌、兼性厌氧革兰氏阴性菌、专性厌氧菌,其他特殊用途血培养瓶参照厂家要求选择合适类型的菌株进行验证。每种类型至少1株,总体不少于15株。应尽可能使用真实患者的临床分离菌株(性能验证用临床留样菌株宜经质谱或DNA序列分析确认)。对于特殊、苛养菌可使用标准菌株或质控菌株。某些特殊菌株需要在培养瓶中加入无菌、未使用抗生素的厂家推荐血液标本,如不加可能不生长,如流感嗜血杆菌。

(2) 验证方法　模拟临床血流感染患者的细菌含量,用留样菌株进行一系列稀释,接种细菌的最终浓度为5CFU/瓶~30CFU/瓶。若苛养菌需添加适量的新鲜无菌血液(成人瓶5mL~10mL,儿童瓶1mL~3mL)后置于血培养系统上进行培养、检测。

(3) 验证参数　血培养仪器性能参数一般包括:阳性检出率、阳性检出时间。实验室也可根据不同预期用途,选择对检验结果质量有重要影响的参数进行验证。

阳性检出率=仪器报阳例数/总试验例数。

阳性检出时间=仪器报阳时记录的检测时间(TTD)。

(4) 验证标准　可接受标准:如果在厂家说明书规定时间内检测出所有菌株则该方法通过验证。3天时间应足以检测出至少95%的临床相关细菌,须具备苛养菌、真菌、厌氧菌等的检出能力。若未能检出应使用相同菌株进行重复试验来验证。若仍不能检测,实验室和/或厂商应在临床使用该系统前应采取纠正措施。如果血培养仪升级，原系统和新系统的差别不大，培养瓶也没有改变，那么由供应商技术代表核查仪器性能即可，无须再次验证。功能核查将对孵育系统和光学系统及软件是否按照厂商规定运行进行评价。

3. 血培养系统平行比对

（1）验证要求　因血培养系统平行比对要求较高，并非强制要求执行。同一厂商由同一系统控制采集数据的多个血培养模块无须进行比对。血培养系统平行比对允许根据患者情况和实验室条件来评价新系统的性能，通常比对所需临床标本数量应≥100例。

（2）验证方案　同一患者按照相同的采血方法采集血液标本，接种验证血培养瓶和参考血培养瓶。将接种后的培养瓶分别置于验证培养系统和参考培养系统上进行培养、检测。

（3）可接受标准　与参考培养系统相比，验证培养系统检测符合率至少为95%。如果未能满足性能要求，则该试验不能通过验证或者厂商和/或使用者须采取正确的纠正措施并再次进行验证。

4. 血培养性能验证具体实施

（1）制订性能验证计划　验证计划包括验证项目、验证目标、验证范围、验证方法、验证内容、判定标准、遵循法规标准、仪器情况、验证的组织机构、验证文件的要求、验证进度计划、人员分工等内容。

（2）血性能验证报告　验证报告包括验证过程、方式和结果等内容，验证报告应经过审核、批准。若验证结果不符合预定的可接受标准，需作为偏差按照规定进行处理。偏差应当在验证报告中进行报告。血培养性能验证报告主要由以下几部分组成：

1）性能验证的目的。
2）性能验证参考依据。
3）性能验证的评价标准。
4）具体实施方法。
5）记录验证结果。
6）验证结果评价。
7）附件（相关试验记录）。

（3）血培养性能验证相关文件　仪器验证的各阶段均应有原始记录。验证原始记录包括三类内容：

1）按照预先制订并批准的验证方案实施完成的记录。记录应及时、清晰可有适当的说明。
2）漏项或偏差记录。验证过程中可能会出现一些没有预计到的问题、偏差，甚至出现无法实施的情况，这些均应作为原始记录在记录中详细说明。
3）仪器设备的自动记录。实施验证的人员应在记录上做出必要的说明，签名并签注日期后，作为原始记录保存。

四、血培养仪性能验证报告示例

《塑料需氧血培养瓶性能验证记录表》

试剂名称：	××××××
试验机型：	××××××血培养仪
制造厂家：	××公司
专 业 组：	微生物组
评估日期：	
验证人：	

编号：123456

塑料需氧血培养瓶性能验证报告

验证项目简述

本方案通过模拟各种病原菌所致的血流感染患者的血培养标本，评估××××全自动微生物培养系统使用的××××塑料培养瓶能否用于培养临床常见微生物（包括专性需氧菌、兼性厌氧菌、酵母菌、苛养菌等）及仪器能否及时检测出血液中的大部分病原菌。

（一）验证参考依据

CNAS-GL028—2018《临床微生物检验程序验证指南》

（二）验证要求

验证应覆盖临床常见微生物，需氧成人血培养瓶验证菌株应包括需氧/兼性厌氧革兰氏阳性菌、需氧/兼性厌氧革兰氏阴性菌、苛养菌（如：流感嗜血杆菌、肺炎链球菌等）和真菌。每种类型至少1株，总体不少于15株。应优先使用标准菌株或室间质评菌株，对于苛养菌可在培养瓶中加入无菌、未使用抗生素的血液标本以促进生长。

阳性检出率＝仪器报阳例数/总试验例数。

阳性检出时间＝仪器报阳时记录的TTD。

阳性检出时间在3天内的阳性检出率≥95%时，视为验证合格，否则为不合格。

（三）验证方案

模拟临床血流感染患者的细菌含量，用留样菌株进行一系列稀释，接种细菌的最终浓度为5CFU/瓶~30CFU/瓶。若为苛养菌则需添加适量的新鲜无菌血液样本后再置于血培养系统进行培养、检测。

1. 试验材料

1) 测试菌株：选取本室保存的标准菌株和室间质评菌株，包括专性需氧菌、兼性厌氧菌、苛养菌、真菌，共计20株，菌体见表3-5，并在MALDI-TOF MS检测确认后使用。

表 3-5 需氧血培养瓶性能验证菌株

分类	菌名	来源	数量
专性需氧菌	铜绿假单胞菌	ATCC27853	1株
	鲍曼不动杆菌	ATCC19606	1株
	洋葱伯克霍尔德菌	ATCC25608	1株
兼性厌氧菌	金黄色葡萄球菌	—	1株
	粪肠球菌	—	1株
	无乳链球菌	—	1株
	产单核李斯特菌	—	1株
	大肠埃希菌	—	1株
	肺炎克雷伯菌	—	1株
	阴沟肠杆菌	—	1株
	普通变形杆菌	—	1株
	黏质沙雷菌	—	1株
	摩氏摩根氏菌	—	1株
	甲型副伤寒沙门菌	—	1株
	嗜水气单胞菌	—	1株
苛养菌	肺炎链球菌	—	1株
	流感嗜血杆菌	—	1株
真菌	白色念珠菌	—	1株
	近平滑念珠菌	—	1株
	热带念珠菌	—	1株
合计			20株

2）自动化血培养仪器（××××血培养仪）。

3）塑料树脂需氧瓶（××××）。

4）哥伦比亚血平板。

5）巧克力平板。

6）35℃，5%（体积分数）CO_2 孵育箱。

7）无菌生理盐水。

8）绵羊血。

9）注射器（1mL）及 50μL、200μL 加样枪及无菌枪头。

10）无菌试管或 15mL 离心管。

11）乙醇棉签。

2. 测试步骤

1）将试验菌株四区划线转种，35℃培养 18h~24h。

2）挑取上述单菌落以无菌生理盐水配置 0.5 麦氏浊度单位的悬浮液，相当于

$1.5×10^8$ CFU/mL（真菌相当于 $1.5×10^6$ CFU/mL）。

3）吸取步骤2）菌液 45μL，加入 4.5mL 生理盐水 1:100 倍稀释，相当于 $1.5×10^6$ CFU/mL（真菌相当于 $1.5×10^4$ CFU/mL）。

4）吸取步骤3）菌液 45μL，加入 4.5mL 生理盐水 1:100 倍稀释，相当于 $1.5×10^4$ CFU/mL（真菌相当于 $1.5×10^2$ CFU/mL）。

5）吸取步骤4）菌液 45μL，加入 4.5mL 生理盐水 1:100 倍稀释，相当于 $1.5×10^2$ CFU/mL。

6）吸取步骤5）菌液 500μL，加入 4.5mL 生理盐水 1:10 倍稀释，相当于 15CFU/mL。

7）在每个培养瓶上标明菌种名称及接种时间。乙醇消毒血培养瓶，用 1mL 注射器抽取步骤6）菌液 1mL，相当于约 15CFU，无菌操作打入血培养瓶，苛养菌（如流感嗜血杆菌）需再加血液样本 5mL。

8）若为真菌，则吸取步骤4）真菌菌悬液 500μL，加入 4.5mL 生理盐水 1:10 倍稀释，相当于 15CFU/mL。

9）同时取 0.1mL 最终浓度的菌液接种至 1 块血平板或巧克力平板，按微生物生长条件孵育，用于菌落计数，菌落计数结果应在 10CFU/mL~100CFU/mL，做好记录。记录报告阳性的TTD，若未能检出应使用相同菌株进行重复试验来验证，若仍不能检测，实验室和/或厂商应在临床使用该系统前采取纠正措施。

10）阴性对照：打入 1mL 生理盐水至血培养瓶，作为阴性对照。按仪器标准化操作程序（SOP）上机培养。

（四）性能验证结果（见表3-6）

阳性检出率=仪器报阳例数/总试验例数；阳性检出时间=仪器报阳时记录的TTD，阳性检出时间在 3 天内的阳性检出率≥95%，视为验证合格，否则为不合格。本次试验接种 20 株菌的塑料需氧血培养瓶均报阳，阳性检出率为 100%；阳性检出时间在 3 天内的阳性检出率为 100%，性能验证合格。

表3-6 需氧血培养瓶性能验证结果

分类	菌名	来源	编号	菌落计数	TTD
专性需氧菌	铜绿假单胞菌	ATCC27853	1	33CFU/mL	15h10min
	鲍曼不动杆菌	ATCC19606	2	35CFU/mL	16h50min
	洋葱伯克霍尔德菌	ATCC25608	3	22CU/mL	21h50min
兼性厌氧菌	金黄色葡萄球菌	—	4	30CFU/mL	18h30min
	粪肠球菌	—	5	21CFU/mL	10h40min
	无乳链球菌	—	6	30CFU/mL	12h
	产单核李斯特菌	—	7	30CFU/mL	24h39min
	大肠埃希菌	—	8	35CFU/mL	10h39min
	肺炎克雷伯菌	—	9	20CFU/mL	12h49min

（续）

分类	菌名	来源	编号	菌落计数	TTD
兼性厌氧菌	阴沟肠杆菌	—	10	28CFU/mL	9h39min
	普通变形杆菌	—	11	22CFU/mL	13h29min
	黏质沙雷菌	—	12	31CFU/mL	11h29min
	摩氏摩根氏菌	—	13	28CFU/mL	14h09min
	甲型副伤寒沙门菌	—	14	30CFU/mL	13h29min
	嗜水气单胞菌	—	15	32CFU/mL	17h48min
苛养菌	肺炎链球菌	—	16	35CFU/mL	11h18min
	流感嗜血杆菌	—	17	28CFU/mL	24h8min
真菌	白色念珠菌	—	18	29CFU/mL	26h08min
	近平滑念珠菌	—	19	24CFU/mL	25h38min
	热带念珠菌	—	20	32CFU/mL	21h37min

（五）附件

1）所用菌株经基质辅助激光解吸电离飞行时间质谱法（MALDI-TOF MS）确认结果。

2）血培养瓶报阳曲线图。

审核人：   批准人：

第五节 血培养仪的期间核查及示例

一、期间核查的定义、理解及相关术语

（一）期间核查的定义

核查的定义：设备在投入使用前，按照规定程序验证其功能或计量特性能否满足方法要求或规定要求而进行的操作。

期间核查，也可称其为中间核查或运行检查。它是实验室日常管理中一项重要的工作，是指实验室根据自身的程序和安排对其测量设备、计量标准或标准物质，在两次周期检定之间的时间间隔内，一次或多次使用适当的技术、校核方法进行检查，以判定仪器设备是否保持着校准或检定时的准确度，以确保检测/校准结果的质量。期间核查并不是进行再检定或校准，而是使用简单实用且具有科学可信度的方法对测量仪器设备或标物进行核查。

（二）期间核查的目的意义

1. 周期检定、校准的不足

一般来说，对测量设备/计量标准进行周期检定、校准，已经足以保证测量结果准确、可靠的要求，但仍存在不足之处：

1）在两次检定、校准工作的间隔期间内，测量设备的准确度不变是无法完全保证的。由于检定、校准周期主要是根据经验确定的，虽然多数测量设备是能够保证其准确度的，但发生偶然故障或由于意想不到的因素使测量设备准确度下降的情况也是不可避免的，有时这种变化并不明显，因而不容易被察觉。如果使用这样的测量设备继续检测，将导致测量结果的质量失去保证。

2）实施检定、校准工作，通常是把测量设备从使用单位送到上一级计量检定机构进行检定、校准，一般返回的测量设备是正常的，但是不可避免地会因为运输过程中的振动、搬运等原因，使测量设备返回后计量性能发生了变化，引起失准。使用该设备进行检测就会产生错误的结果。

3）在实际测量过程中，由于人员操作失误（包括测量系统的连接不当等）、环境条件失控等原因，使测量设备的计量性能发生变化。

2. 期间核查的重要性

1）通过程序上定期的期间核查能及时发现测量设备的变化，无论这种变化是由于系统误差或随机误差的增加所引起的，还是突然变化或逐步出现的缓慢变化，一旦发现问题便立即采取纠正措施，使之保持在程序规定的要求之内，并处于长期的质量控制之中。

2）实施对测量设备的期间核查，在对测量设备实施有效控制的同时，也可以对测量过程进行有效的监控，从而保证测量结果的准确、可靠。

3. 血培养仪期间核查工作的目的和意义

为保证细菌的稳定生长，血液细菌培养仪的恒温孵育系统必须执行高精度且严格的温度控制程序，以保证温度和时间的准确性，否则会影响细菌的生长；同时该设备检测系统的性能必须可靠。以上两个方面是影响检测结果和诊断结果的重要因素，因此为判定培养仪是否保持校准时的准确度以确保测量结果的可信度，应对培养仪的恒温孵育系统和检测系统进行期间核查。

（三）期间核查与检定或校准的区别

期间核查不是一次"再检定"或"再校准"，它们之间的不同点如下：

（1）实施的目的不同　检定或校准的目的是确定被校准对象的量值与对应的由测量标准所复现的量值之间的关系。而期间核查的目的是验证测量仪器上次校准时的计量特性是否改变，以保持对测量仪器状态的信心。

（2）采用的设备不同　检定或校准是为获得计量溯源性使用更高等级的计量标准对测量仪器的计量特性进行评估。期间核查所用的核查标准可根据机构的实际情况确定，不需要更高等级的标准。

（3）实施的人员不同　检定或校准必须由有资质的计量技术机构的技术人员实施。期间核查是由本机构人员实施。

（4）依据的方法不同　检定依据的是国家、部门或地方已经颁布的检定规程；校准依据的是国家、部门或地方已经颁布的校准规范或经相关授权、管理机构备案批准的校准程序。期间核查依据的是机构自行制定的期间核查作业指导书，该程序文件不需要经过相关授权或管理机构的批准备案。

（5）针对的被测量或测量范围不同　检定或校准需要依据检定规程或校准规范、校准程序严格进行。而期间核查依据其作业指导书在某次核查过程中可以只对测量设备的一个或几个被测量进行核查，且不一定需要给出测量不确定度。

（6）针对的对象不同　检定或校准的对象是对测量结果或建立测量结果的计量溯源性有影响的测量设备，但期间核查的对象并不是所有列入检定、校准计划的测量设备。

（7）执行的时机不同　检定的测量设备需要执行检定规程中的检定周期，校准周期可由机构根据测量设备的用途，并对历次校准结果、期间核查结果等数据进行综合分析后，自行确定。期间核查则分为定期期间核查和不定期期间核查。定期期间核查的时机一般是两次相邻的校准/检定的间隔之间，不定期期间核查的时机则是由机构根据测量设备的使用情况而确定的，可以随时进行。

（8）输出的结果不同　检定或校准输出的是检定或校准证书。而期间核查输出的是内部使用的期间核查记录，其内容和格式符合机构管理体系文件的要求。

（四）期间核查的对象、参数和量程的选择

对于 CNAS 实验室，按 CNAS-CL01—2018 要求开展，当需要利用期间核查以保持对设备性能的信心时，应按程序进行核查。

1. 期间核查的对象

需要实施期间的对象主要包括：

1）新购的重要测量设备和标准物质。

2）使用年限较长，其计量性能的可靠性和稳定性下降，即稳定性变差，漂移较大的测量设备。

3）使用非常频繁的测量设备。

4）经常携带到现场进行检测及在恶劣环境下使用的测量设备。

5）在运行过程中，曾有异常现象发生的测量设备。

6）对结果准确度有较高要求或用于重大、关键项目数据测量的仪器设备。

2. 期间核查的参数和量程的选择

期间核查的目的是核查测量仪器的系统漂移及考核其短期的稳定性，因此推荐从以下方面考虑核查参数和量程的选择：

1）选择使用最频繁的参数和量程。

2）从历年的检定、校准证书着手，选择示值变动性最大的参数和量程作为核查的参数和量程。

3）对于新购的测量设备，应选择测量设备的基本参数和基本量程。

3. 血培养仪期间核查参数及核查点

综合考虑血培养仪的计量性能和日常使用情况，建议对恒温孵育系统和检测系统进行期间核查。

恒温孵育系统的期间核查参数建议为温度示值误差及温度均匀度，核查温度点为被核查设备的常用温度点及常用孔位。检测系统的期间核查建议使用待查设备常检标准菌株以核查其阳性报警功能，核查点为常用孔位。

（五）相关术语

1. 被核查对象：equipment checked

被核查的测量设备。

2. 核查装置：check device

用于日常验证测量仪器或测量系统性能的装置、设备或样品。

注：有时也称核查标准。

3. 测量重复性：measurement repeatability

简称重复性，在一组重复性测量条件下的测量精密度。

4. 重复性测量条件：measurement repeatability condition of measurement

简称重复性条件，相同测量程序、相同操作者、相同测量系统、相同操作条件和相同地点，并在短时间内对同一或相类似被测对象重复测量的一组测量条件。

5. 测量仪器稳定性：stability of a measurement instrument

简称稳定性，测量仪器保持其计量特性随时间恒定的能力。

二、期间核查选用的方法及判定原则

（一）直接测量法

若机构有较高一级计量标准或有有证标准物质时，可采用直接测量法对测量设备进行期间核查。

1. 核查方法

1）若高一级计量标准的最大允许误差满足测量设备的最大允许误差的1/3及以下的条件时，按以下方法进行核查：

被核查对象在规定的条件下，短时间内进行 n 次重复测量，得到示值的算术平均值；高一级计量标准在规定的条件下，对被核查对象进行测量，得到高一级计量标准的示值算术平均值，核查点的误差根据相应公式计算。

2）当实验室具有被核查设备的标准物质时，并且该标准物质应能溯源至国际单位制（international standard，SI），或是在有效期内的有证标准物质，可用标准物质去检查被核查设备的参数，核查方法如下：

被核查对象在规定的条件下，短时间内重复 n 次，得到示值的算术平均值；用标准物质对被核查对象进行测量，得到标准物质所赋予之值，核查点的误差根据相应公式计算。

2. 核查结果的判定和处理

若核查点的（示值）误差小于最大允许误差，则核查通过；若核查点的（示值）误差接近最大允许误差，则应加大核查频次或采取其他有效措施，必要时进行再校准，以对设备的计量性能做进一步验证。

若核查点的（示值）误差大于最大允许误差，则应立即停止使用；必要时进行再校准，以对设备的计量性能做进一步验证；若对已出具报告的有效性产生影响时，机构应根据相应程序文件采取相应的补救措施。

（二）核查标准法

若机构配置有稳定性好且被核查对象可对其进行测量的设备或样品时，可采用核查标准法对测量设备进行期间核查，此时该设备/样品即为核查标准。

1. 核查方法

（1）核查标准的参考值已知的情况

1）若机构已配置稳定性好、参考值已知、被核查对象可对其进行测量的设备/样品（如有证标准物质），可将该设备/样品作为核查标准，核查方法如下。

被核查对象经校准或定值后，机构根据被核查对象的稳定性定期利用核查标准对其进行核查：在规定的条件下，短时间内重复测量 n 次，得到核查点的算术平均值，核查点的（示值）误差根据相应公式计算。

2）若机构本身具备被核查对象的校准能力，核查点可以选择校准证书中误差最大的测量点及常用的校准点。

（2）核查标准的参考值未知的情况 机构已配置稳定性好、参考值未知、被核查对象可对其进行测量的设备（如砝码、量块等稳定性好的设备），可将其作为核查标准，核查方法如下。

1）被核查对象经校准后，从校准证书中获取被核查对象核查点的（示值）误差或修正值，在规定的条件下，立即用被核查对象对核查标准重复测量 n 次，计算算术平均值，根据相应公式得到核查标准在核查点的参考值。

2）定期对被核查对象进行核查，在规定的条件下，每次都进行 n 次重复测量，计算该次核查结果的算术平均值，计算核查点的（示值）误差。

2. 核查的符合性判据

期间核查结果的判定应以检测/校准方法对被核查对象的要求为依据，即核查结果的最大允许误差等于检测/校准方法规定的被核查对象在核查点的最大允许误差。

机构可设定"控制限"和"警戒值"对核查结果进行分析判定，也可采用控制图观察核查结果的变化趋势。

3. 核查结果的处理

若核查点的（示值）误差未超出最大允许误差，则核查通过；若核查点的（示值）误差接近最大允许误差，则应加大核查频次或采取其他有效措施，必要时进行再校准，以对设备的计量性能做进一步验证。

若核查点的（示值）误差超出最大允许误差，则应立即停止使用；必要时进行再校准，以对设备的计量性能做进一步验证；若对已出具报告的有效性产生影响时，机构应采取相应的补救措施。

（三）设备比对法

若机构无法获得合适的核查标准，但拥有准确度等级相同的多台设备，可采用设备比对法，此时对多台设备同时进行核查。

1. 核查方法

在规定的短时间内及相同条件（包括操作人员、环境条件、操作步骤等）下，使用被核查对象分别对相同的被测对象进行独立重复的测量，得到对应的算术平均值 y_1，y_2，…，y_k（其中 y_1 为这次核查中主要被核查的测量设备的测量算术平均值）和对应相同的扩展不确定度 U，并计算 y_1，y_2，…，y_k 的算术平均值 $\bar{y}$。按照公式（3-6）计算：

$$|y_1 - \bar{y}| \leq \sqrt{\frac{k-1}{k}} U \tag{3-6}$$

式中 y_1——这次核查中主要被核查的测量设备的测量算术平均值；

$\bar{y}$——y_1，y_2，…，y_k 的算术平均值；

U——被核查设备对被测对象进行测量的不确定度，若多台设备溯源途径相同时，应考虑相关性影响；

k——设备使用的台数。

2. 核查结果的判定和处理

若公式（3-6）成立，则核查结果满足要求，可继续使用；

若公式（3-6）不成立，则核查结果不通过，表明设备的计量性能超出了预期要求，应立即停止使用，机构应分析查找原因，必要时进行再校准，对设备的计量性能做进一步验证；若对已出具报告的有效性产生影响时，机构应采取相应的补救措施。

（四）临界值评定法

如果用于期间核查的标准方法可以提供可靠的重复性标准偏差和再现性标准偏差，可采用临界值法评定。

（五）实物样件检查法

某些测量设备是用于测量限值的，当测量值超过限定值时自动报警。对于这类设备可用本方法进行期间核查。首先依据被核查设备的工作原理及被核查参数的性能，设计制作或购买相应的实物样件。然后设计该参数的限定值，将实物样件施加于测量设备上，操作设备并调节至规定的输出量，观察测量设备是否具有相应的响应。

注：以上方法涉及的相应计算公式可参考 CNAS-GL042—2019《测量设备期间核查的方法指南》。

三、期间核查注意事项及频次的选择

（一）期间核查注意事项

1）期间核查主要是核查测量设备的系统漂移，所以应在理想环境和测量系统中进行。应排除其他因素影响（如人员、环境等）。

2）测量结果建议用重复测量的平均值代之，以减少偶然误差。

3）优先采用直接测量法，该方法较容易在综合实验室中实现；其次采用核查标准法。

4）利用实验室内比对，优先采用多台比较法；实验室间比对也应采用多个实验室参加比对（需要类型、准确度仪器一致的设备）。并可用实验室内比对的判定公式，也可采用"能力验证"的方法来判定；其次才采用两台比较法。利用实验室间（内）比对法——该方法能解决很多问题。因为该方法采用的被测对象就是检测待测量对象，只要被测对象较为稳定即可，不需要长期保存。

5）对某些测量设备，难以找到合适的核查方法，可采用对测量设备加强保养和维护，并结合每年的检/校数据的稳定性试验数据来作为期间核查的方法。

（二）期间核查频次的选择

期间核查分为定期检查和不定期检查。

1. 定期核查

机构可对校准周期长，使用频率较高、稳定性差的设备进行定期核查。

对于计量性能稳定、日常维护及时有效、对测量结果的测量不确定度贡献小的设备，可降低核查频次。

对于校准结果接近最大允许误差、稳定性差且实施期间核查的难度小、成本低的设备，可增加核查频次。

2. 不定期核查

机构可对下列设备进行不定期期间核查：

1）检测/校准方法对核查有明确要求的设备，如每次试验前需对设备进行核查。

2）用于非常重要场合的设备，如具有较高准确度、较高测量可靠性要求或风险较大的测量所用的设备，在使用前应进行核查。

3）离开固定场所去客户现场进行试验的设备，在使用前应进行核查。

4）脱离控制返回机构的设备，应及时核查。

5）因错误操作、过载、运行中突然断电、死机等非预期使用情况的设备，应及时核查。

6）使用的环境条件（如温湿度、振动等）发生较大变化的大型仪器或高精度设备，应及时核查。

7）发生碰撞、跌落、电压冲击等意外情况的设备，应及时核查。

8）使用前或使用中对其性能产生怀疑的设备，应及时核查。

(三) 期间核查记录的要求

期间核查记录应具有追溯性，至少满足以下要求：
（1）准确性　使用规范的术语、数据和计量单位。
（2）原始性　记录实时、直接观察或读取的数据。
（3）完整性　记录应包含足量的信息，如被核查对象、核查项目、环境条件、核查标准、核查地点、核查数据及处理、核查结果判据及解脱、核查人员、核查时间等信息。

四、血培养仪期间核查示例及期间核查记录示例

拟针对血培养仪的恒温孵育系统和检测系统两个方面采用不同方法进行期间核查，示例如下：

【血培养仪恒温孵育系统期间核查示例】

1. 被核查对象

名称	编号	测量范围/℃	用途	方法对设备的技术要求/℃
血液细菌培养分析仪恒温孵育系统	＊＊＊	20~50	临床检验和食品检测	温度示值 MPE：±1.5 温度波动度 MPE：±1.5 温度均匀度：≤3.0

2. 核查方法及标准

核查方法为直接测量法。

分析仪温度校准装置：该校准装置需要有多个温度测量单元（数量满足期间核查布点需求即可）及一个数据终端组成；每个温度测量单元的温度测量范围需满足20℃~50℃，最大允许误差：±0.1℃。

3. 核查的环境条件要求

环境温度：10℃~30℃；相对湿度：10%~90%；
其他：分析仪应远离分析振动干扰。

4. 核查点及项目

按日常使用温度点作为核查点，在被核查设备的中心孔位置进行温度示值误差和波动度核查，选取有代表性的位置孔进行温度均匀度核查。

5. 核查频次

每6个月或对血培养仪的计量性能产生怀疑时。

6. 核查程序

1）被核查对象开机预热，设定并达到目标温度，稳定2h。

2）根据被核查对象加热模块的组成，选取中心孔（被核查对象的几何位置中心位置孔或者接近几何中心最近的位置孔）和其他具有代表性的位置孔（如检测舱四周选取8个孔位），将分析仪温度校准装置的每个温度校准单元放置在孔底部，测试血培

养用培养基所在位置的温度,在 30min 内(每 2min 测试一次),共测试 15 次,记录各孔位的温度测量值。

3)计算设定温度值与中心孔位 15 次测量结果的平均值之差为温度示值误差的测量结果 ΔT_d。

4)中心孔位 15 次测量结果的最大值与最小值之差的一半为温度波动度 ΔT_f。

5)在 15 次测试中,将每次测试中选取孔位的实测最高温度与最低温度之差的算术平均值作为温度均匀度,再计算 15 次温度均匀度的算术平均值为最终温度均匀度 ΔT_u。

7. 核查结果的判定及处理

(1)核查结果的判定

1)温度示值误差:若 $|\Delta T_d| \leq 1.5℃$,则温度示值误差的核查结果符合要求,否则不符合要求。

2)温度波动度:若 $|\Delta T_f| \leq 1.5℃$,则温度示值误差的核查结果符合要求,否则不符合要求。

3)温度均匀度:若 $\Delta T_u \leq 3.0℃$,则温度示值误差的核查结果符合要求,否则不符合要求。

(2)核查结果的处理 若核查结果符合要求,可继续使用;若核查结果有不符合项则应立刻停止使用,分析原因,并采取相应措施;建议将核查结果有疑问的设备进行溯源,以进一步验证其计量性能。

8. 核查记录

血液细菌培养分析仪恒温孵育系统期间核查记录

	名称	编号	测量范围/℃	方法对设备的技术要求
被核查对象	血液细菌培养分析仪		20~50	温度示值 MPE:±1.5℃ 温度波动度 MPE:±1.5℃ 温度均匀度:≤3.0℃
核查标准	名称	编号	测量范围/℃	不确定度/准确度等级/最大允许误差
	分析仪温度校准装置		20~50	MPE:±0.1℃
核查结果				
核查点:温度 35.0℃			核查时间: 年 月 日	
环境条件	温度: ℃		相对湿度: %	
核查地点				
核查项目	核查点	测得值/℃		结果/℃
温度示值误差 ΔT_d				
温度波动度 ΔT_f				

(续)

核查项目	核查点	测得值/℃		结果/℃
温度均匀度 ΔT_u				
核查结果的判定	$|\Delta T_d| \leq 1.5℃$		结论:□ 符合 □ 不符合	
	$|\Delta T_f| \leq 1.5℃$		结论:□ 符合 □ 不符合	
	$\Delta T_u \leq 3.0℃$		结论:□ 符合 □ 不符合	
核查结果的处理				
	□ 继续使用		□ 停止使用,查找原因	
核查人员			复核人员	

【血培养仪检测系统期间核查示例】

1. 被核查对象

名称	编号	测量范围	用途	方法对设备的技术要求
血液细菌培养分析仪检测系统	＊＊＊	＊＊＊	临床检验和食品检测	＊＊＊

2. 核查方法及标准

核查方法：为实物样件检查法。

核查标准：被核查对象常检的标准菌株。

3. 核查的环境条件要求

环境温度：10℃~30℃。

相对湿度：10%~90%。

其他：分析仪应远离分析振动干扰。

4. 核查点及项目

（1）核查点　核查点位需选取包含核查对象的常用孔位及有期间核查需求的孔位。

（2）核查项目　阳性报警时间,同时应取生理盐水作为期间核查的阴性对照并记录阴性对照结果（或根据自身操作程序制作阴性对照）。

5. 核查频次

每 6 个月或对血培养仪的计量性能产生怀疑时。

6. 核查程序

1）参照机构标准菌株接种无菌血样制备模拟标本的标准试验程序进行接种,将制备好的标本打入培养瓶中,制成标准样品。

2）同时另取生理盐水加入无菌血液,将以上制备好的阴性模拟标本打入相应培养瓶中,制成阴性对照样品。期间核查实施单位也可根据自身的操作程序选取适当的溶液制作阴性对照样品。

3）按照血培养仪的样品操作程序，把标准菌株样品和对照样品放入需核查的孔位，进行培养。

4）记录被核查设备在阳性报警规定时间内的报警结果和阴性对照结果。

7. 核查结果的判定及处理

（1）核查结果的判定　若接种标准菌株的模拟标本在规定时间内报警阳忹，且阴性对照依然为阴性，说明核查结果符合要求。

若接种标准菌株的模拟标本在规定时间内未报警阳性，或阴性对照结果异常，说明核查结果不符合要求。

（2）核查结果的处理　若核查结果符合要求，可继续使用；若核查结果不符合要求，应立刻停止使用，分析原因，并采取相应措施。

8. 核查记录

血液细菌培养分析仪检测系统期间核查记录

被核查对象	名称	编号	测量范围	方法对设备的技术要求
	血液细菌培养分析仪		菌株种类：	是否正确阳性报警

核查标准	名称	编号	厂家
	标准菌株名称		

核查结果

核查点:标准菌株名称		核查时间： 年 月 日	
环境条件	温度：　　℃	相对湿度：　　%	
核查地点			
核查项目	核查点	报警时间	
阳性报警时间	菌株名称		
阳性报警时间	菌株名称		
核查结果的判定	**菌株报警：	结论:□符合 □不符合	
	**菌株报警：	结论:□符合 □不符合	
	**菌株报警：	结论:□符合 □不符合	
核查结果的处理			
□继续使用		□停止使用,查找原因	
核查人员		复核人员	

第四章 血培养仪的操作与异常情况分析

第一节 血培养仪的操作

一、血培养仪的常规操作

(一) 观测指标

现代血培养仪检测需要观测的指标包括以下几个方面：

(1) 培养时间 血培养仪培养时间通常设置为 5 天，特殊病原体则延长培养时间，以便检测出细菌或真菌的生长情况。

(2) 培养液的颜色 如果培养液变为浑浊或出现沉淀，这可能是细菌或真菌的生长所致。

(3) 培养液的气体 血培养仪通常会监测培养液中的氧气和 CO_2 含量，以便检测出厌氧菌或需氧菌的生长情况。

(4) 培养液的 pH 值 血培养仪通常会监测培养液的 pH 值，以便检测出产酸或产碱菌的生长情况。

(5) 细菌或真菌的种类 血培养仪通常会使用不同的培养基和检测方法，以便检测出不同种类的细菌或真菌生长情况。

(6) 检出限 血培养仪可以检出最低的细菌或真菌数量，通常情况下在 10CFU/瓶以下。

(二) 操作顺序

1. 采样

按照《临床微生物实验室血培养操作规范》（WS/T 503-2017）中采集方法的规定，根据培养瓶说明书要求采集相应的血量（或标本量），采取蝶形针采血应按照先注入需氧瓶后注入厌氧瓶的顺序，注射器采血应按照先注入厌氧瓶后注入需氧瓶的顺序（血量不够时则先满足需氧瓶），接种后将培养瓶适当颠倒混匀。为了减小皮肤定植菌的污染，静脉穿刺部位应该彻底消毒。CLSI M47 A1 第一版的皮肤消毒方法：先用 75%（体积分数）医用乙醇（或其他消毒剂也可）消毒采血部位，再用 1%~2% 的碘酊作用 30s（使用碘酊，需再用乙醇脱碘），穿刺部位风干 1min，期间不能再触摸消毒部位，2 岁以下儿童或特殊人群应选用相应消毒剂。注射使用培养瓶前，必须先查看培养瓶外观是否有异样，条形码破损、瓶身变形或者瓶底颜色已经变黄，都属于不可用培养瓶。确认培养瓶正常后，打开培养瓶顶部的塑料护盖，用乙醇或碘酊消毒培养瓶顶部的橡胶瓶塞并风干。

2. 血培养瓶上机

应采用防渗漏容器运送血培养瓶，接种后的培养瓶需要尽快上机培养（采血后 2h 内上机培养，否则定义为延迟瓶），如果不能立即送到微生物室上机培养，须将接种后的培养瓶置于室温保存不超过 24h，切勿冷藏或冷冻保存。实验室人员应立即完成标本核收，并将培养瓶按仪器操作步骤置入全自动血培养仪中。

3. 培养

根据不同的血瓶类型，如普通血培养瓶、真菌瓶或分枝杆菌瓶等，设置相应的培养时长。仪器将自动完成保持孵育箱内恒温、自动监测孵育温度和使用颠倒或旋转等方式混匀等功能。

4. 检测

仪器以设置好的频率对培养瓶进行动态检测。仪器通过不同的检测和转换系统将数据传送给系统计算机分析程序，完成连续自动检测。

5. 报警

系统对检测信号进行分析，发现阳性瓶及时报警，报警时主程序界面上的培养瓶位置号上有对应颜色和声音提示，应及时将培养瓶从仪器中取出，进入阳性培养瓶处理流程。

6. 血培养瓶卸载

持续培养设定时间完成后，未发现微生物生长的血培养瓶，将报告为阴性瓶，主程序界面上的培养瓶位置号上有对应颜色和声音提示，在仪器提示阴性时按操作说明取出阴性培养瓶。

（三）结果判断

根据血培养仪的结果，可以判断是否存在细菌感染或真菌感染。血培养结果一般分为以下几种：

（1）阴性　表示血液中没有检测到细菌或真菌。

（2）阳性　表示血液中检测到了细菌或真菌。

（3）血培养污染　指在进行血液培养时，细菌或其他微生物在培养过程中被意外引入，导致培养结果出现假阳性或假阴性的情况。血培养污染可能会导致医疗错误，延误治疗，增加医疗费用，甚至危及患者生命。

血培养污染的原因包括：

1）采集血液时未严格遵守无菌操作规范，导致细菌或其他微生物被引入。
2）采集血液时使用了已经过期或未经消毒的采血器具。
3）培养过程中，培养皿、培养液或其他试剂被污染。
4）培养过程中，操作人员未严格遵守无菌操作规范，导致细菌或其他微生物被引入。

为了避免血培养污染，医务人员应严格遵守无菌操作规范，并使用新鲜、经过消毒的采血器具。此外，还应注意避免污染培养皿、培养液或其他试剂，并在整个培养过程中严格遵守无菌操作规范。

（4）假阴性　血培养假阴性是指在血液培养中未检测到细菌或真菌，但实际上存在感染的情况。这种情况可能是由于以下原因导致的：

1）抗生素治疗：在开始抗生素治疗之前，可能已经进行了血液培养，但是抗生素的使用可能会抑制细菌或真菌的生长，导致血培养假阴性。
2）细菌或真菌数量太少：在血液中的细菌或真菌数量太少，无法被培养出来，也会导致血培养假阴性。
3）培养条件不足：血液培养需要特定的条件，如温度、氧气浓度等，如果这些条件不足，也会导致血培养假阴性。
4）细菌或真菌种类不适合培养：有些细菌或真菌种类不适合在血液培养中生长，也会导致血培养假阴性。

因此，如果怀疑存在感染，但血液培养结果为假阴性，需要结合其他检查结果和临床表现进行综合分析，以确定是否存在感染。

（5）假阳性　即没有微生物生长，但是由于其他原因，设备错误报告阳性，但是无法培养分离微生物。

1）环境因素：如温度的急剧改变，设备电压不稳，粉尘污染导致的型号异常等。
2）设备因素：设备未及时校准，或本底型号偏差。
3）样本因素：白血病患者的血细胞过多，加剧了 CO_2 释放，酸中毒患者血液 pH 值为酸性等。
4）其他原因导致错误判断，如未能及时处理阳性瓶，导致肺炎链球菌等细菌发生自融，误判为假阳性。血培养假阳性需排查综合环境、仪器、操作及患者等因素，尤其需规范采血流程和实验室管理，并定期校准设备以降低误报风险。

二、国内实验室常见机型的操作实例

（一）法国生物梅里埃公司的 BacT/ALTER 3D 全自动细菌/分枝杆菌培养检测系统

常用型号：BacT/ALERT 3D120、BacT/ALERT 3D240、BacT/ALERT Virtuo，培养瓶类型见表 4-1。

1. BacT/ALERT 3D 系统仪器介绍

（1）主屏幕　BacT/ALERT 3D 系统的主屏幕如图 4-1 所示。

表 4-1　法国生物梅里埃公司血培养瓶类型列表

名称	采血量
 标准成人需氧培养瓶	BacT/ALERT SA 40mL 培养基 培养血液或无菌体液 最佳样本体积 10mL
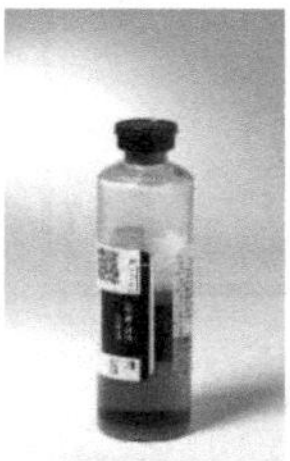 标准成人厌氧培养瓶	BacT/ALERT SN 40mL 培养基 培养血液或无菌体液 最佳样本体积 10mL
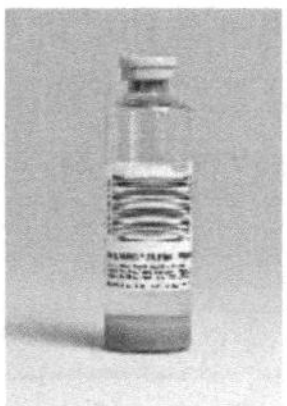 成人需氧中和抗生素树脂瓶	BacT/ALERT FA Plus 30mL 培养基,含有 APB 吸附抗生素培养血液或无菌体液 最佳样本体积 10mL
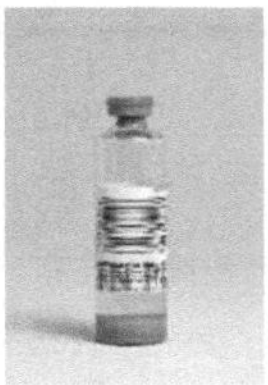 成人厌氧中和抗生素树脂瓶	BacT/ALERT FN Plus 40mL 培养基,含有 APB 吸附抗生素培养血液或无菌体液 最佳样本体积 10mL
 儿童需氧中和抗生素树脂瓶	BacT/ALERTPF Plus 30mL 培养基,含有 APB 吸附抗生素培养血液标本 最大样本体积 4mL

（2）培养瓶计数表　仪器图标正上方是卸载按钮和培养瓶计数表,如图 4-2 所示,表示了显示仪器中当前加载的每种类型培养瓶的数量。

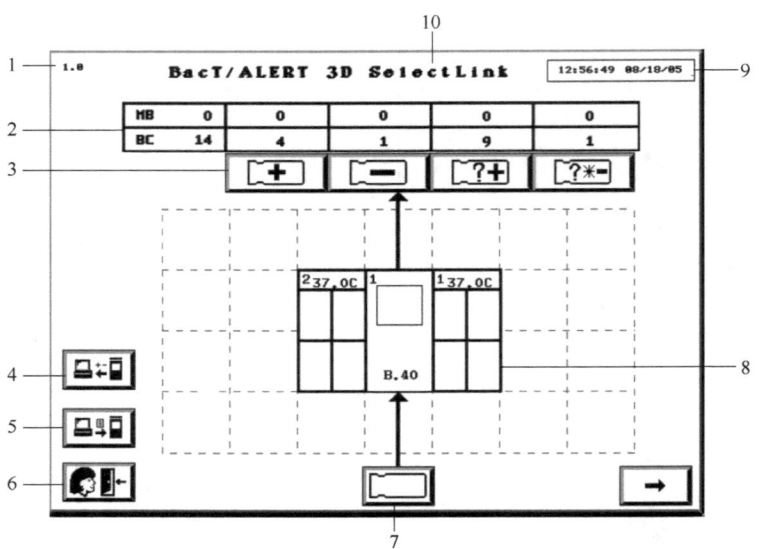

图 4-1 BacT/ALERT 3D 系统的主屏幕

1—屏幕 ID 号　2—培养瓶计数表　3—卸载按钮　4—手动上传检测结果按钮（限 SelectLink）
5—手动下载检测信息按钮（限 SelectLink）　6—登出按钮（只限 21CFR 11 模式）
7—加载培养瓶按钮　8—仪器图标　9—当前日期/时间　10—软件配置

注：默认背景颜色由软件配置确定，当出现以下情况默认背景颜色无效：
黄色屏表示仪器已检测到阳性血培养瓶；红色屏幕表示发生仪器故障

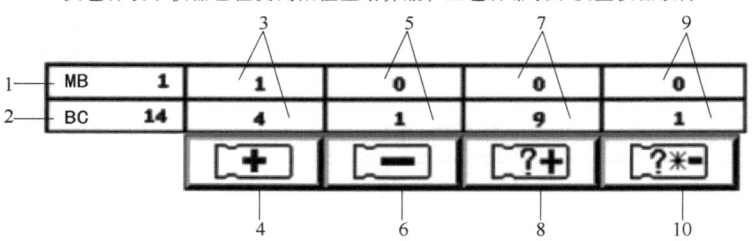

图 4-2 培养瓶计数表

1—系统中加载的分枝杆菌（MB）培养瓶总数　2—系统中加载的血液或无菌体液培养（BC）瓶总数
3—检测状态为阳性的已标识培养瓶总数　4—卸载阳性已标识培养瓶按钮　5—检测状态为阴性的培
养瓶（已标识和匿名的）总数　6—卸载阴性培养瓶按钮　7—检测状态为阳性的匿名培养瓶总数
8—卸载阳性匿名培养瓶按钮　9—检测状态为正在检测或阴性的匿名培养瓶总数
10—卸载匿名阴性或正在检测的培养瓶按钮

（3）检测孔状态　触摸"仪器"图标上的相应孵育模块，可显示浏览检测孔状态屏幕，各检测孔状态可能有以下情况，如图 4-3 所示。

（4）加载培养瓶　为保证检测数据的完整性，一次只能处理一个培养瓶。在处理下一个培养瓶之前，应按照此程序完整地加载一个培养瓶。

1）在主屏幕（见图 4-1）上，按下加载培养瓶按钮 ▭ ；显示"加载模式"屏幕，如图 4-4 所示，如果抽屉内有可用检测孔，孵育模块或组合模块抽屉上的绿色指示会亮起。

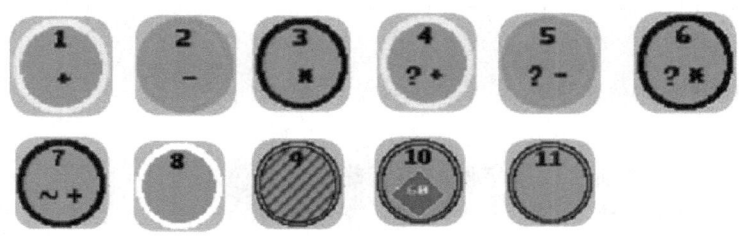

图 4-3 检测孔的状态图

1—阳性培养瓶孔位　2—阴性培养瓶孔位　3—目前为阴性培养瓶孔位　4—匿名阳性培养瓶孔位　5—匿名阴性培养瓶孔位　6—匿名目前为阴性培养瓶孔位　7—重要结果判断读数期孔位　8—正在质控（QC）孔位　9—禁用孔位　10—报 60 错误的孔位并需要校准　11—空闲可用孔位

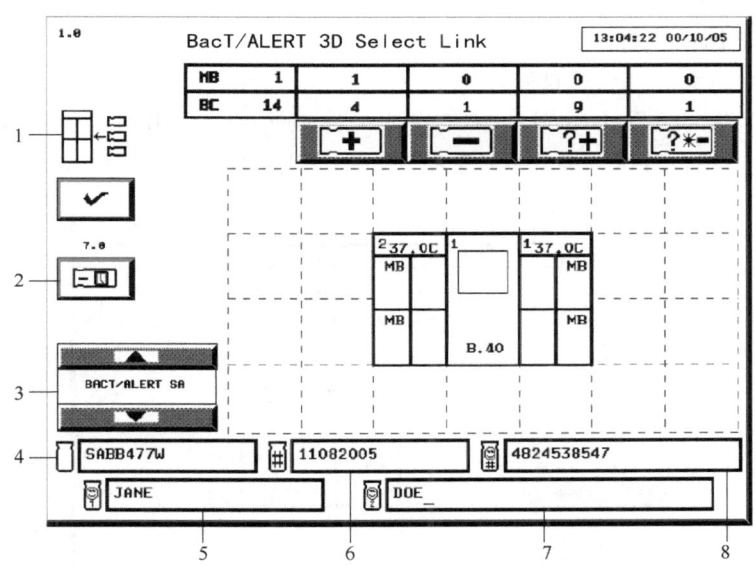

图 4-4 设备屏幕的加载模式

1—加载培养瓶图标　2—改变最长检测时间按钮　3—培养瓶类型滚动按钮　4—培养瓶 ID 字段　5—病人名字字段＊　6—标本号字段　7—病人姓氏字段＊　8—住院号字段＊

注：带＊的为只适用于 Select 和 Select Link。

2) 确认培养瓶 ID 字段为白色，然后扫描或手动输入培养瓶 ID；若培养瓶被加载后字段仍然为空，该培养瓶则被认为是匿名加载。

3) 确认正确培养瓶类型显示在培养瓶类型滚动按钮上。

4) 如果标本号字段被启用且为空白，扫描或输入标本号。如果标本号字段被禁用，则继续步骤 6）。

5) 如果显示字段且字段被启用，则按所列顺序手动输入以下字段：住院号、病人名字和病人姓氏（注：住院号字段只能手动输入）。

6) 默认最长检测时间显示在"改变最长检测时间"按钮上方。如果需要，可以调整扫描的培养瓶的最长检测时间。

7）如果所有抽屉均已关闭，缓慢打开指示灯亮起的抽屉。如果检测孔可用，检测孔指示灯将会亮起。

8）先将培养瓶和传感器插入指示灯亮起的检测孔内。

9）检测孔指示灯缓慢闪烁，确认已加载培养瓶。

10）继续前请确认所有文本字段是否正确。

11）对剩余的每个培养瓶重复步骤2）至步骤10）。将某区域内的培养瓶加载时间限制为2min，以控制进入支架内的室温培养瓶数量。再次向该区域内加载之前，关闭抽屉，以便平衡温度，将培养瓶加载至不同抽屉中。

12）加载所有培养瓶后，确保已完全关闭所有抽屉。然后按下确认按钮 ✓ 。

（5）卸载培养瓶　BacT/ALERT 3D 通过启用相应的卸载按钮，指示可以卸载的培养瓶类型。包括卸载已标识和匿名的培养瓶。

1）卸载已标识的培养瓶：

① 建议提前生成一个卸载报告。

② 在主屏幕（见图4-1）上，按下适当的卸载按钮。将出现"卸载模式"屏幕，如图4-5所示，在含有所选卸载培养瓶类型的抽屉上，绿色指示灯亮起。

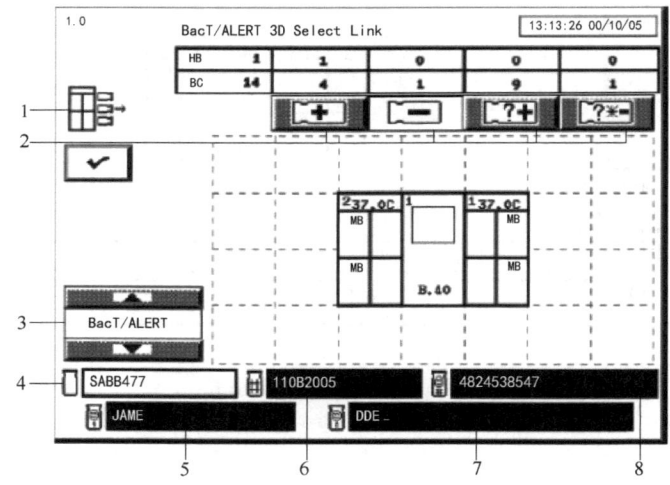

图 4-5　设备屏幕的卸载模式

1—卸载培养瓶图标　2—卸载按钮　3—培养瓶类型滚动按钮　4—培养瓶 ID 字段
5—病人名字字段　6—标本号字段　7—病人姓氏字段　8—住院号字段

③ 打开指示灯亮的抽屉，在所选类别中所有培养瓶旁的检测孔指示灯亮起。

④ 取出指示的一个培养瓶，等待检测孔指示灯缓慢闪烁，确认培养瓶已取出。

⑤ 对要卸载的剩余培养瓶重复步骤③至步骤④，将在某区域内卸载培养瓶的时间限制为不超过2min。再次从该区域卸载之前，关闭抽屉，以便平衡温度。

⑥ 卸载培养瓶后，确保已完全关闭所有抽屉。

⑦ 在"卸载模式"屏幕上按下确认按钮。

⑧ 确认卸载报告上所列的培养瓶已被卸载。

注：阳性培养瓶卸载后直接扫描培养瓶 ID，以确认正确卸载阳性培养瓶。

2）匿名培养瓶处理及卸载：

① 在主屏幕上（见图 4-1），按下适当的匿名培养瓶卸载按钮 [?+] [?*-]。

将出现"卸载模式"屏幕（见图 4-5）。

在含有所选卸载培养瓶类型的抽屉上，绿色指示灯亮起。

② 打开指示的抽屉，当指示的抽屉打开时，在所选类别中所有培养瓶旁的检测孔指示灯亮起。

③ 取出指示的一个培养瓶，等待检测孔指示灯缓慢闪烁，确认培养瓶已取出。

④ 扫描或手动输入培养瓶 ID，并确认培养瓶类型、标本号、住院号和病人名字和姓氏，以标识培养瓶。

⑤ 补充好信息的培养瓶放回原孔位。在"卸载模式"屏幕上按下确认按钮 [✓]。

⑥ 对剩余匿名培养瓶重复步骤③至步骤⑤。在某区域内卸载培养瓶的时间限制为不超过 2min。再次从该区域卸载之前，关闭抽屉，以便平衡温度。

⑦ 匿名培养瓶处理好后，确保已完全关闭所有抽屉。

⑧ 此时匿名瓶计数图标 [?+] [?*-] 上应该显示为 0。

⑨ 按照卸载已标识的培养瓶方法卸载相应培养瓶。

注：①匿名瓶用标准默认算法分析培养瓶读数。匿名培养瓶一旦被卸载和标识后，仪器将确定用于培养瓶的算法是否正确。如果使用的算法不正确，将显示仪器状态代码 711，并用正确算法重新计算培养瓶读数。重新计算可能会改变培养瓶的检测结果；②所有匿名瓶在卸载前均需先将信息输入后才能卸载，若匿名培养瓶没有补充信息被卸载了，则该瓶所有数据将会丢失。

（6）操作流程　BacT/ALERT 3D 血培养仪简明操作流程如图 4-6 所示。

2. BacT/ALERT Virtuo3.0 系统仪器介绍

BacT/ALERT® Virtuo™ 仪器为模块化设计，并且可扩展。每台 A 装置最多可以连接 3 台 B 装置，以满足更多的容量要求。每个装置含 16 个支架，每个支架含 27 个用于监测培养瓶的检测孔。四个检测孔为校准参考专用。一台仪器总容量为 432 个检测孔，最多可以扩充至 1712 个检测孔（1 台 A 装置连接 3 台 B 装置），如图 4-7 所示。A 装置配置主屏幕，所有操作均在 A 装置上实行，B 装置不包含主银幕，由 A 模块统一进行操作管理。

（1）仪器主屏幕介绍　主屏幕显示系统状态，包括可用检测孔数量、阳性和阴性培养瓶数量，以及未处理的警报或警示。主屏幕还显示导航至其他功能屏幕的按钮，以及将警报和警示静默一段时间的按钮。主屏幕分为五个区域，如图 4-8 所示。

（2）自动装载培养瓶　将培养瓶竖直放在 A 装置的传送带上，如图 4-9 所示。机械臂将培养瓶从培养瓶索引器取出，并装载到可用检测孔内。

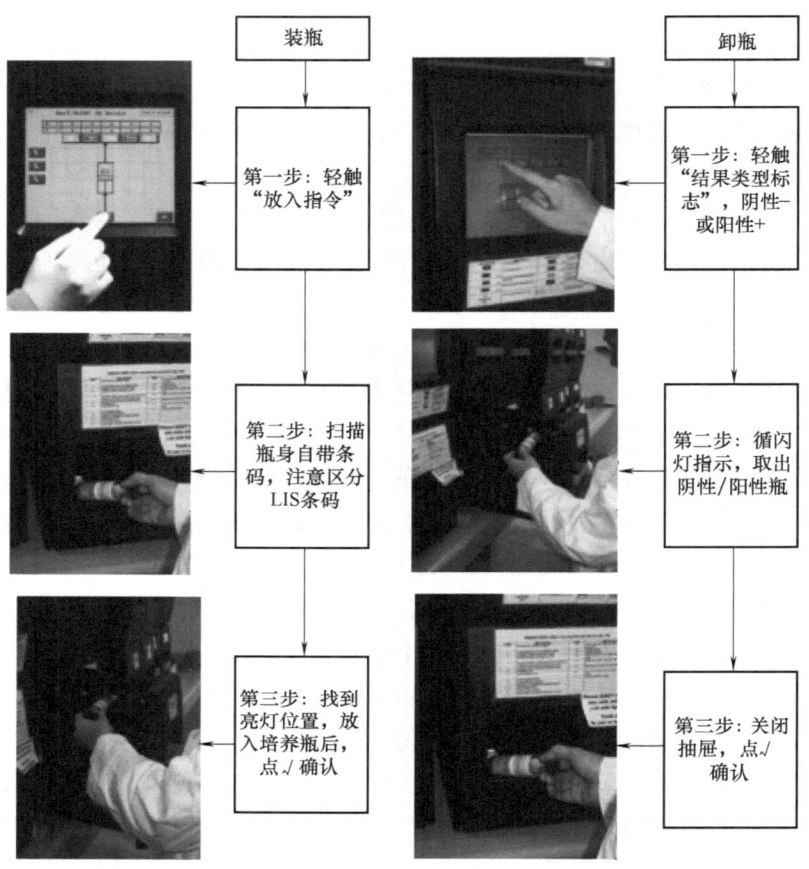

图 4-6　BacT/ALERT 3D 血培养仪简明操作流程

图 4-7　仪器总容量示意图（1 台 A 装置，3 台 B 装置）

血培养仪的操作与异常情况分析 第四章

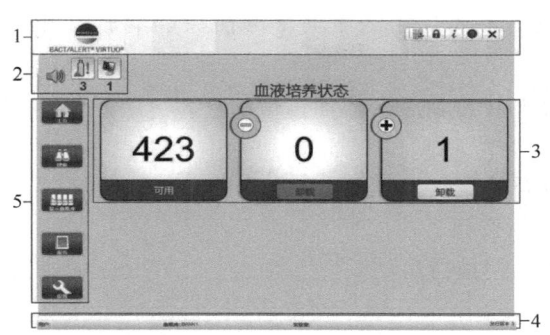

图 4-8 主屏幕

1—区域1 2—区域2 3—区域3 4—区域4 5—导航按钮

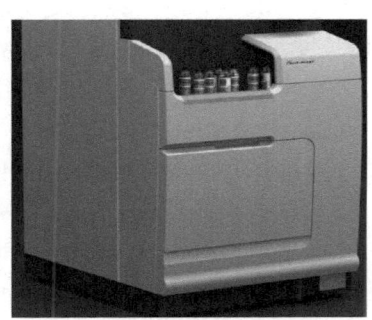

图 4-9 培养瓶放置装载

注：仪器装载区一次性最多可以放 40 个培养瓶，切勿过载。为防止仪器内部产生过多的热量交换导致检测结果有问题，建议每次最多加载 20 个培养瓶，等待前一次加载完全完成后，再加载下一批次。当 A 装置存在装载故障时也可从 B 装置装载培养瓶，如图 4-10 所示

（3）卸载培养瓶 可实现阳性瓶和阴性瓶的自动卸载。将仪器配置为自动卸载培养瓶时，仪器会自动地从培养瓶库中的

图 4-10 B 装置培养瓶放置装载

任何仪器卸载所有确认为阳性和阴性的培养瓶。匿名瓶必须先确认身份，才能自动卸载。

（二）美国 BD BACTEC FX 全自动细菌培养系统

美国 BD BACTEC FX 全自动细菌培养系统常用型号：FX40、FX200、FX400。

1. 放入培养瓶

要在设备中放入培养瓶，请选择一个有可用瓶位的抽屉。（可用瓶位的数目在状态显示界面中出现在"放入培养瓶"图标下。）

使用以下两种中任意一种方法可以激活培养瓶放入功能：

（1）方法 1（培养瓶被激活）

1）选择一个有可用瓶位的抽屉，打开抽屉。

2）条形码扫描器启动。

3）扫描培养瓶的条形码序列号标签。

4）出现培养瓶放入界面，同时序列号、培养瓶类型和默认的培养周期被自动输入。

5）如果没有扫描样本号条码，请在此时扫描或者输入（序列号和样本号条码可以以任意次序扫描）。

6）点击"修改"按钮改变培养周期，点击向上或者向下的箭头以增加或者减少周期长度。

7）将培养瓶放入到一个可用的瓶位中（持续点亮的绿色指示灯）。

（2）方法2

1）选择一个有可用瓶位的抽屉，打开抽屉。

2）点击状态界面上的"培养瓶放入"按钮。

3）出现培养瓶放入界面，同时条形码扫描器启动。

4）扫描培养瓶的序列号条形码。

5）序列号、培养瓶类型和默认的培养周期自动输入。

6）如果你没有扫描样本号，请在此时扫描或者输入。

7）点击"修改"按钮改变培养周期，点击向上或者向下的箭头以增加或者减少周期长度。

8）将培养瓶放入到一个可用的瓶位中（持续点亮的绿色指示灯）。

注意，在两种方法中，直到被扫描的培养瓶放入到一个可用的瓶位之后，放入培养瓶的流程才结束。此时，培养瓶数据库将会用新的培养瓶数据进行更新。培养瓶放入音提示了这个培养瓶的放入流程结束。

如果设备没有检测到之前扫描的培养瓶被完全插入到瓶位中，那么，条形码扫描器不会启动。当一个培养瓶被放入到一个抽屉中最后一个可用瓶位时，会发出操作结束音（3个"哔"声）。如果要继续放入培养瓶，请选择其他有空位的抽屉。

以下介绍几种不同的放入培养瓶方式。

（1）正常放入　在将培养瓶插入到设备之前，请用肉眼检视所有培养瓶中微生物生长。微生物生长的现象包括在无溶血素的需氧培养基中出现暗色或者黑色血液（正在进行培养的非溶血需氧培养瓶的血液应该是清亮的红色）、溶血、混浊或者过度的气压（导致培养瓶隔膜向外鼓出）。所有这样的培养瓶应该被视为阳性样本；应该对其进行革兰氏染色和转种。如果不小心将一个培养瓶放入了被封闭的瓶位，没有出现培养瓶放入音并且条形码扫描器仍处于关闭状态。必须将这个培养瓶从瓶位取出并将其按照培养瓶放入操作重新放置。被封闭的瓶位将不被测试。当检查完所有培养瓶并将其全部插入瓶位之后，关上抽屉。培养瓶状态传感器会马上感知一个瓶位中插入了培养瓶，同时设备将会更新瓶位LED指示灯和液晶显示屏的瓶位状态。一旦将培养瓶放入了其瓶位中，不建议再将它们转移至其他瓶位。应避免不必要的抽屉开启，抽屉开启的时间应不超过10min（见图4-11）。

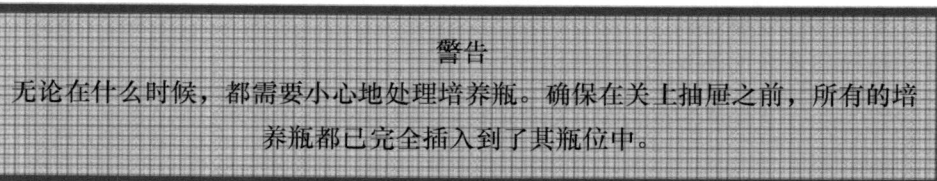

图4-11　警告内容

(2) 延迟放入 为了提高检出率,在培养瓶被接种之后应该尽快放入设备中。设备具有针对延时培养瓶放入的阳性判别标准,这些延迟可能是由于培养瓶运送、实验室夜间关闭等造成的。当发生培养瓶延迟放入时,应按照仪器推荐的指导条例进行:

对于 Plus Aerobic/F、Plus Anaerobic/F、PEDS Plus/F 和 Lytic/10 Anaerobic/F 培养基:如果培养瓶在进入设备前已经被孵育*,那么最多 20h,或者如果培养瓶没有被孵育*(即在室温中保存),那么最多 48h。对于 Standard Aerobic/F 和 Standard Anaerobic/F 培养基:如果培养瓶在进入设备前已经被孵育*,那么最多 12h,或者如果培养瓶没有被孵育*(即在室温中保存),那么最多 48h。

注:*表示在 35℃±1℃时孵化。

(3) 匿名瓶放入 培养瓶可以不经过扫描而放入仪器的可用瓶位(绿色指示灯)中。没有经过扫描而放入仪器中的培养瓶称为"匿名"培养瓶。匿名培养瓶在其放入瓶位时会被仪器识别,但是会被指定一个"未知"培养瓶类型和默认的 5 天培养周期。匿名培养瓶将使用通用的阳性判断标准进行评估。由于设备不知道其培养瓶类型,故不能使用和培养瓶特性相关联的特殊阳性判断标准。我们推荐在某些点上可以使用系统的识别匿名培养瓶操作来识别这些匿名的培养瓶。当培养瓶类型已知时,设备才能够应用具有培养瓶特异性的阳性判断标准,并且能使用这些特定的标准来采集测试读数。此外,当培养瓶被识别后,培养周期将调整为(如果有必要的话)这种培养瓶类型的默认值。正在培养的匿名培养瓶到达培养周期终点后,在获得系统指定的阴性状态之前,必须被识别(见图 4-12)。

> **注意**
> 一旦一个匿名培养瓶已经被放入到设备中,请不要在没有识别它的情况下取出培养瓶又重新放入(识别匿名瓶操作)。如果你在没有识别的情况下取出了培养瓶,那么所有的读数都会清除。

图 4-12 提示注意内容

1) 选择一个有匿名培养瓶的抽屉,打开这个抽屉。

2) 从闪烁着黄灯或者交替闪烁着黄灯/红灯的瓶位取出培养瓶,或者点击状态显示界面上的"识别匿名瓶"按钮。

3) 出现识别匿名瓶的界面,条形码扫描器被启动,将会显示关于这个培养瓶的瓶位和状态信息。

4) 扫描培养瓶的序列号条形码标签。

5) 自动输入序列号、培养瓶类型、默认的培养周期和培养周期中所处时间(TIP)或者 TTD。

6) 扫描或者输入样本号(如果选择了使用样本号条形码)。

7) 点击"修改"按钮改变培养周期,点击向上或者向下的箭头以增加或者减少周期长度。

8）如果要将培养瓶放回设备中，请将其放在闪烁着绿灯的瓶位中（这个瓶位是培养瓶被取出的瓶位）。如果不再将培养瓶放回设备，点击"保存"按钮。这两者中必须进行其中的一项操作以保存培养瓶信息。

9）回到培养界面以加入需要的统计信息。

2. 取出阳性、阴性和正在检测的培养瓶

（1）单个阴性瓶取出和批量取出　设备可以配置为进行单个阴性瓶的取出或者设置成为批量阴性瓶取出。这个选项在配置的实验室界面中进行设定。对于单个培养瓶的取出，在取出每个阴性培养瓶时都必须进行扫描以确认取出。对于批量培养瓶的取出，培养瓶不需要进行扫描。培养瓶状态感受器会马上感知到培养瓶的取出，并且更新瓶位 LED 指示灯和液晶屏上的显示状态。

取出阴性培养瓶：选择一个有阴性瓶位的抽屉，拉开抽屉使之打开。条形码扫描器将会启动，所有的阳性瓶、最终阴性瓶、匿名瓶（各种变化）将会以适当的闪烁瓶位指示灯指示。

1）对于单个培养瓶的取出。点击状态界面的"取出阴性瓶"按钮，或者直接从闪烁的绿色（阴性）瓶位取出培养瓶，然后扫描瓶身条码，屏幕出现取出阴性瓶的界面，依次取出并扫描，直至所有的阴性瓶被取出（如果培养瓶的序列号是手工输入的，系统会询问以确认序列号是否正确。必须人工地确认培养瓶上的序列号和屏幕上显示的是一致的，并点击"已确认"按钮。如果序列号不相符，则点击"错误"按钮）。

2）对于批量取出培养瓶。从闪烁的绿色（阴性）瓶位取出培养瓶，不需要进行培养瓶扫描（并且扫描器也不会被启动）。遗留在设备中的培养瓶将会作为阴性保存在数据库中。界面上的计数器数值随着培养瓶被取出会动态地发生更新。当抽屉中所有的阳性瓶都被取出时，"操作结束"提示音会响起。

（2）培养瓶重新放入　使用培养瓶放入操作来重新放入培养瓶。如果培养瓶仍然在数据库中，培养瓶放入界面会显示已存在信息，包括之前的瓶位。重新放入的培养瓶应该放入其之前所在的瓶位，这个瓶位为闪烁的绿灯（如果抽屉是打开的，并且瓶位没有被占据）。（见图 4-13）

> **注意**
>
> 系统允许在正常操作中将培养瓶取出后又重新放入。重新放入应该在培养瓶被从设备中取出后的5h内进行，以便设备能保持培养瓶的培养周期开始时间信息。
>
> 要保留所有的数据，包括状态和测试读数，培养瓶必须在20min内放回。如果培养瓶在设备外的时间超过了20min，必须对其进行传代培养。

图 4-13　提示注意内容

在仪器外小于 5h 的阴性培养瓶重新放入时，培养周期的时间应该延长并超出培养瓶在周期中的时间，而后再将培养瓶重新放入使其成为正在培养状态。如果没有延长培养瓶的培养周期，在经过第三次判读后，重新放入的培养瓶状态则为阴性状态。要调整重新放入的培养瓶的培养周期，点击"调整"按钮并且通过点击向上的箭头（增加培养周期）来选择想要的周期长度（见图4-14）。可以将周期长度设定为30天/42天（取决于培养瓶类型）。周期时间不能够超过30天/42天（取决于培养瓶类型）。如果要进行长于最长周期时间的培养测试，请将一条备用的条形码标签贴在培养瓶上，然后使用放入培养瓶操作将其作为新的培养瓶放入。

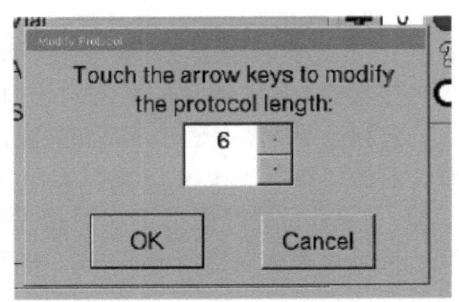

图4-14 周期长度设置界面

（3）阳性瓶报警 系统会以多种方法提示你出现了新的阳性培养瓶：

1）用阳性培养瓶报警声（只会在抽屉中出现第一个阳性时使用）。

2）瓶位指示灯：闪烁的红灯或者闪烁的黄色/红色（交替）——匿名阳性。

3）屏幕上出现信息框（只会在抽屉中出现第一个阳性时使用）。

4）对应抽屉的阳性瓶系统指示灯点亮。

5）在设备状态显示界面上，"阳性"图标被激活（颜色是红的，在不可用时为灰色）（见图4-15），并且会显示抽屉中阳性瓶的数量。

（4）阴性瓶告知 超过培养周期的阴性瓶将会以以下方式被提示：

1）对应抽屉的阴性瓶系统指示灯点亮。

2）在状态显示界面上，"阴性"图标被激活（颜色是绿的，在不可用时为灰色）（见图4-13），并且会显示抽屉中阴性瓶的数量。

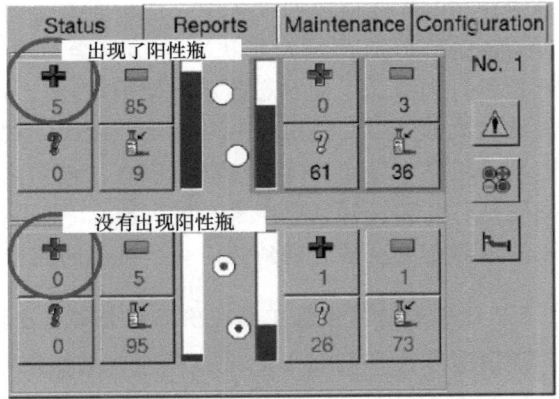

图4-15 设备状态显示界面

3）瓶位指示灯：闪烁的绿色。

（5）阳性瓶取出 选择一个有阳性瓶位的抽屉，拉开抽屉使之打开。

1）条形码扫描器将会启动。

2）所有的阳性、最终阴性、可用的和匿名（各种变异）瓶将会被适当的点亮或者被闪烁的瓶位指示灯所指示。

3）从闪烁的红色（阳性）或者闪烁的黄色/红色（匿名瓶阳性）瓶位取出培养瓶，或者在状态显示屏上点击"取出阳性"按钮，会出现取出阳性瓶的界面（如果取出了匿名阳性的培养瓶，将会显示匿名瓶的ID。扫描阳性匿名瓶序列号和样本号，点击"保存"按钮。然后点击"退出"按钮以回到阳性瓶取出界面）。

4）扫描培养瓶序列号条形码（注意，在此操作之后，只有阳性瓶位仍然保持点亮状态）。你必须扫描取出的每个阳性培养瓶，使设备的阳性瓶位灯熄灭。如果培养瓶的序列号是手工输入的，系统会询问你以确认序列号是否正确。你必须手工确保培养瓶上的序列号和屏幕上的显示是相一致的，并点击"确认"按钮。如果序列号数字不一致，点击"错误"按钮。

5）如果在设置时使用了显示相关培养瓶的功能，具有相同样本号的培养瓶的LED点亮为绿色（在当前抽屉中），并且会在培养-样本界面的培养瓶窗口中显示相关的培养瓶（对于阳性/匿名瓶不可用）。如果需要，可以取出任何相关的培养瓶，根据系统提示，执行确认或者扫描条形码的操作。当你完成相关培养瓶的取出操作后，点击"退出"按钮以回到取出阳性瓶的界面。

6）界面上的计数器数值随着培养瓶被取出动态地发生更新。

7）当抽屉中所有的阳性瓶都被取出时，"操作结束"提示音会响起（或者在相关培养瓶被显示的情况下退出培养-样本界面时）。

（6）取出正在处理的培养瓶　正在处理的培养瓶可以取出长达5h，还能维持其测试开始时间。为了获得最佳表现，正在处理的培养瓶是不应该从设备中被取出的。在不得不将其取出的情况下（如需要调整标签或样本号），为了保留其所有数据，培养瓶必须在20min之内放回设备中。取出正在处理的培养瓶没有特殊的操作，从瓶位中取出需要的培养瓶，培养瓶状态传感器会马上感知到培养瓶被取出，设备也会更新LED指示灯和液晶上的状态显示。使用培养瓶放入操作以重新放入培养瓶。如果培养瓶仍然在数据库中，会出现一条信息，你可以按照信息中的指示重新放入培养瓶。此外，培养瓶放入界面会显示已存在信息，包括之前的瓶位。若一个瓶位闪烁绿灯（如果抽屉是打开的，并且位点没有被占据），则培养瓶应该被放回这个瓶位。但是，重新放入的培养瓶可以被放置到任何一个可用的瓶位（长亮的绿色指示灯）。

（三）珠海迪尔生物工程股份有限公司全自动血培养系统

常用型号为 B TBlockchain 系列全自动血培养系统。

1. 主界面

全自动血培养系统 BT 系列，需要先打开检测仓（分机）背板电源开关，再打开培养仪（主机）背板电源开关，并按下培养仪开机按钮启动系统，进入主界面，如图4-16所示。

2. 装瓶

1）装瓶前请检查培养瓶及其底部的颜色，若瓶底有变色或胶底有裂缝则不能使用。

2）打开仪器舱门，把血培养瓶条码对准右上方条码识别区扫描二维码，当听到提示音（"滴"）后，将血培养瓶插入空瓶孔位。界面孔位显示〇。若插入无效孔位时，界面孔位会显示⊗，此时需要拔出血培养瓶，重新扫描后再插入有效空瓶孔位。

3）如果不扫描二维码，而直接将血培养瓶插入可用空瓶孔位，系统会自动默认为

第四章　血培养仪的操作与异常情况分析

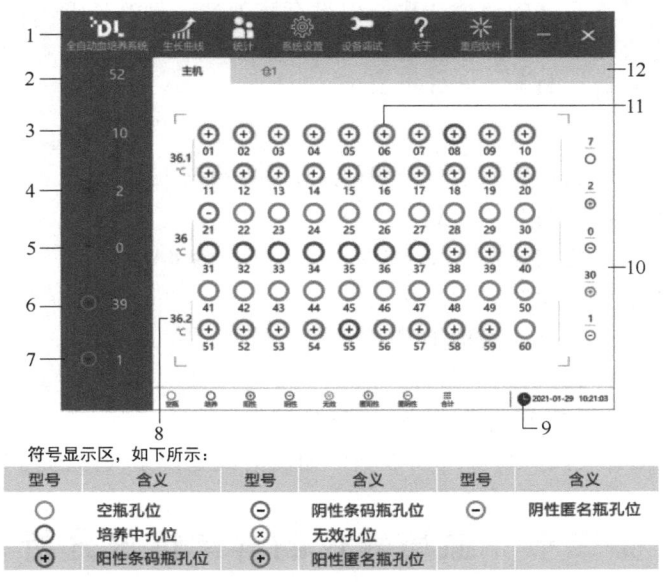

图 4-16　设备主界面

1—功能区　2—仪器内血培养瓶总数　3—仪器内培养中的血培养瓶数　4—仪器内阳性条码瓶数　5—仪器内阴性条码瓶数　6—仪器内阳性匿名瓶数　7—仪器内阴性匿名瓶数　8—温度显示区　9—符号提示区　10—表示主机/检测仓血培养瓶培养情况　11—培养孔位显示区　12—培养仓切换板块

匿名瓶进行培养。

4）注意培养瓶必须装入有效空瓶孔位，否则可能当废瓶处理，系统也不会记录数据，也没有任何提示。加载完所有培养瓶后，关闭仪器舱门。

3. 卸瓶

1）当培养结束后，仪器会通过提示音及仓门灯光效果来提供阳性或阴性结果，阳性：仓门对应孔位显示红色灯光，软件界面显示 ⊕（条码瓶） ⊕（匿名瓶）；阴性：仓门对应孔位显示绿色灯光，软件界面显示 ⊖（条码瓶） ⊖（匿名瓶）。

2）当仪器提供阳性或阴性结果后，即培养结束，直接取出血培养瓶即可。

3）如果当前取出的是匿名培养瓶，系统会弹出补登条码对话框，在规定的时间内（默认20s），将血培养瓶条形码对准所在仓位的条码识别区即可完成补登。

4）补登条码需要在每取出一个匿名瓶时操作，不具备批量补充功能。

5）取出的血培养瓶如果还未有结果，需要继续培养，则需重新扫码后，插入有效空瓶位继续培养，生长曲线不会中断。

注：在培养过程中，若需途中取出瓶后再插瓶接着培养，需保证第一次装瓶与再次装瓶时都是扫的同一完整条码，否则会使数据无法正常链接。

三、应用经验总结

为保证仪器的正常运行，仪器应在满足下列各条件和维持相应环境的情况下使用：

1）灰尘少，换气良好的环境，房间内没有腐蚀性、易燃易爆气体或者蒸汽。
2）避免阳光直接照射和热源辐射。
3）地面水平良好，斜度 1/200 以下。
4）室内温度保持在 18℃~30℃。
5）室内相对湿度应保持在 25%~80%，并且没有冷凝水。
6）仪器周围散热空间必须达到 11cm~31cm。
7）电源电压变动范围在 100V~240V，最大电流为 8A。
8）在仪器附近没有发射高频、振动的机械。
9）有保护性接地，接地阻抗 10Ω 以下。
10）防止开门时间过长或频繁开关门。
11）防止瓶口粘贴异物，瓶身标签粘贴牢固。
12）血培养仪器应按照要求定期维护，如清洁或更换空气过滤网等。

第二节 血培养仪的异常情况分析

一、血培养仪运行环境异常

为保证血培养仪器正常运行，仪器应在满足相应条件和维持相应环境的情况下使用，如合适的环境温度、相对湿度、电压及没有外来热源或辐射、振动影响等，否则仪器可能出现硬件故障或者导致样本培养结果异常。

1. 血培养仪器环境温度异常

血培养仪环境温度有其正常的范围要求，如 18℃~30℃，超过正常范围，温度过低或过高均为异常。

（1）环境温度异常的原因

1）血培养仪器所在房间未安装空调，或者空调未全天运行，这种情况导致的环境温度异常较易在冬季和夏季发生。

2）血培养仪器放置在被阳光直晒的位置，如窗口。

3）血培养仪器旁边近距离安装了其他释放热源的仪器。

4）血培养仪器安装时没有留出足够的散热空间。

（2）环境温度异常的发现

1）安装仪器的房间内放置温度计进行观测，如果环境温度可以实时记录并定期检查更佳。

2）环境温度异常可导致仪器内培养瓶结果异常，如培养结果频繁批量假阳性，可根据厂家仪器的工作日志记录的环境温度，判断环境温度是否异常。

（3）环境温度异常的处理 分析环境温度异常的原因，并给予对应处理，如安装空调并全天运行，给血培养仪器留出足够的散热空间，周围不再安装其他释放热源的仪器，不安装在阳光直射的位置。

血培养仪的操作与异常情况分析 第四章

2. 血培养仪器电压异常

血培养仪器电压有其正常的范围要求,正常输入电压为220V,应配备良好的地线。如果电压异常,可能会影响试验结果的准确性并造成仪器故障。

(1) 电压要求

1) 通常正常电压范围为220V(±10%)。
2) 零地电压<5V。
3) 电压波动<5V。

(2) 电压异常原因

1) 市电电网电压过低或者过高。
2) 没有接地线或者接地不良。
3) 仪器周围有大负载用电设备,如大型冰柜等。

(3) 电压异常处理

1) 仪器应配备稳压电源。
2) 如果经常存在停电情况,应配备不间断电源(UPS)。
3) 如果零地电压过高,应重新检查零线情况,必要时重新布置接地线。
4) 仪器周围应该尽量避免放置其他高负载功率的设备。

3. 血培养仪器环境振动异常

血培养仪器环境应选择无振动或尽量少振动的空间或台面放置。如果振动异常,可能会导致仪器零部件磨损破损、电源线松动、控制或组合模块与孵育模块之间的通信导线松动、物品位移、电子组件接触不良、电路短路及断续不稳、颤噪效应等。

振动异常主要有两类:一类是低频振动,如平板的振动和低频噪声气流的振动;另一类是高频振动,主要来自压缩机、引擎、锅炉、排风机等。

(1) 环境振动异常的原因

1) 血培养仪器所在房间外存在减振措施不佳的中央空调机组。
2) 血培养仪器周围增建了产生振动的物体。
3) 血培养仪器旁边近距离新安装了其他产生振动的设备。

(2) 振动异常处理

1) 仪器所在房间或工作台采取减振措施。
2) 定期对电路线路、传感部件、通信导线等进行维护和年度校验。
3) 如果无法排除振动影响,必要时重新选择存放环境。
4) 仪器周围应该尽量避免放置其他产生振动的设备。

二、血培养仪器未按照要求维护

1. 血培养仪器孔位探测器未及时清洁

大部分血培养仪器为瓶底检测,即微生物在血培养瓶内生长后引起瓶底荧光强度变化或者颜色变化,这种变化会被检测到并进行分析,以判断培养结果。如果仪器孔位存在污染,可能会影响仪器对荧光强度或者颜色变化的检测,从而影响试验结果,所以应该定期及时地进行孔位的清洁。

（1）导致孔位污染原因

1）培养瓶底部与孔位直接接触，在放入仪器时可能会将瓶子底部的异物或者灰尘带入孔位。

2）仪器过滤网未及时进行清洗，导致灰尘进入培养箱。

（2）孔位污染清洁处理

1）使用无尘纸并蘸取 75%（体积分数）乙醇，对孔位的底部及四周进行轻轻擦拭。

2）定期清洁仪器进气过滤网。

3）如果孔位清洗后仍无法使用，需要通过软件将孔位封闭，或者更换标本检测架。

4）定期对孔位进行校准。

2. 血培养仪器空气过滤网未及时清洁或更换

（1）清洁或更换空气过滤网的必要性　血培养仪器空气过滤网可以阻挡外界环境中的灰尘进入仪器。如果仪器所在环境灰尘很多而空气过滤网未及时清洁或更换，由沾满灰尘的过滤网所进入的受限的气流将导致仪器内部温度过高，这会影响检测结果并有可能造成硬件功能失常或者不工作。因此，应根据厂家说明书或者工程师的指导，根据环境洁净度养成定期观察、清洁或更换空气过滤网的习惯。

（2）清洁或更换空气过滤网的方法

1）根据厂家说明书或工程师的指导，取下空气过滤网。

2）清洗污物过滤网。

3）将过滤网放在纸巾上，彻底晾干。

4）可以使用备用的清洁过滤网，按照厂家说明书或工程师的指导进行更换。

三、血培养仪或培养瓶非规范操作

1. 仪器门打开时间过长

细菌培养需要在一个恒定的温度下进行，仪器门打开时间过长或者频繁开关门，会导致培养箱温度降低，从而影响试验结果；频繁开关门或门打开时间过长，还会中断仪器的检测，可能会影响检测结果。

正确处理方式如下：

1）为了减小开门导致箱体温度降低，仪器应尽量避免安装在空调口或者出风口。

2）每次开门时间不宜超过 1min。

3）每次开门间隔时间不宜小于 10min。

2. 仪器内进入异物

血培养仪器正常工作状态下，箱体处于相对密闭情况，一般不会有异物进入仪器内部。如果血培养瓶瓶口粘贴纱布或棉球、瓶身标签粘贴不牢固等，那么放入或者取出培养瓶时可能会有遗留异物。如果发现内部有异物，应该及时去除，以免影响仪器正常工作。

(1) 仪器内部产生异物的原因

1) 瓶身未完全插入孔位, 在检测架摇动工作状态下触碰仪器内部部件导致培养瓶顶端的棉花球脱落。

2) 血培养瓶标签与瓶身没有完全贴合, 在插入孔位或者从孔位取出时脱落。

(2) 仪器内部异物可能导致的后果

1) 如果异物掉落至内部鼓风机出风口, 会导致箱体无法加热到预设温度。

2) 如果异物掉落至箱体底部, 可能无法正常开关箱体门。

(3) 处理仪器内部异物的方法

1) 以预防为主, 实验室应对临床采血的护理人员进行培训, 禁止在培养瓶瓶口粘贴纱布、棉球或棉签等异物, 同时要粘贴牢固标签, 防止脱落。

2) 实验室在接收血培养瓶时要进行检查, 如发现瓶口粘贴异物须去除。

3) 如果发现异物掉落瓶位中或仪器内, 应联系厂家工程师进行解决, 及时取出异物, 并检查是否对仪器造成损坏。

3. 培养瓶未插入孔位底部

如果仪器出现"血培养瓶未插入孔位底部"的相关报警, 要进行分析, 排查原因。

(1) 出现"血培养瓶未插入孔位底部"报警的原因

1) 培养瓶在放入时, 未插入孔位底部。

2) 检测孔孔位发生损坏。

3) 检测孔孔位传感器发生损坏。

(2) 血培养瓶未插入孔位底部的处理方法

1) 当仪器出现"抽屉中有一个或者多个培养瓶处于部分插入状态, 请将培养瓶完全插入"报警时, 检查所指示位置的培养瓶, 并将其推入到瓶位中。

2) 关上抽屉, 等待一个测试周期的结束 (在状态界面会有提示)。

3) 当这个测试周期结束, 再次打开抽屉。

4) 如果没有发生报警信息, 就已经解决了部分插入瓶位的状况。

5) 如果再次出现这个信息, 可能是孔位发生损坏或孔位传感器发生损坏。应将报警位置的培养瓶放入到一个新的瓶位中, 并联系厂家工程师进行解决。

参 考 文 献

[1] 中国医学科学院北京协和医院,上海交通大学附属瑞金医院,北京医院,等. 临床微生物实验室血培养操作规范:WS/T 503—2017[S]. 北京:中国标准出版社,2017.

[2] 陈国亮. 基于微处理器控制的自动血培养仪研究[D]. 合肥:合肥工业大学,2010.

[3] 苏盛通,陈惠业. 常见苛养菌培养的研究进展[J]. 中国病原生物学杂志,2010,5(3):221-224.

[4] DORN G L,SMITH K. New centrifugation blood culture device[J]. Journal of Clinical Microbiology,1978,7(1):52-54.

[5] 王德春,姜国强,朱忠勇. 溶血离心血培养的实验研究和临床的初步应用[J]. 中华医学检验杂志,1989,12(2):104-106.

[6] BILLE J,STOCKMAN L,ROBERTS G D,et al. Evaluation of a lysis-centrifugation system for recovery of yeasts and filamentous fungi from blood[J]. Journal of Clinical Microbiology,1983,18(3):469-471.

[7] VETTER E,TORGERSON C,FEUKER A,et al. Comparison of the BACTEC MYCO/F Lytic bottle to the isolator tube,BACTEC Plus Aerobic F/bottle,and BACTEC Anaerobic Lytic/10 bottle and comparison of the BACTEC Plus Aerobic F/bottle to the Isolator tube for recovery of bacteria,mycobacteria,and fungi from blood[J]. Journal of Clinical Microbiology,2001,39(12):4380-4386.

[8] 索金良,金木兰,李竹成. 微孔滤膜在临床检验中的应用[J]. 上海医学检验杂志,1991,6(2):122-124.

[9] 中国医疗保健国际交流促进会临床微生物与感染分会,中华医学会检验医学分会临床微生物学组,中华医学会微生物学与免疫学分会临床微生物学组,等. 血液培养技术用于血流感染诊断临床实践专家共识[J]. 中华检验医学杂志,2022,45(2):105-121.

[10] 李丽娟. 自动血培养仪分析进展[J]. 实用医技杂志,2004(6):802-804.

[11] 陈拯. 血培养诊断方法的发展现况[J]. 华西医学,1994,9(2):180-182.

[12] 郭梅. 临床主要致病真菌感染的基因诊断研究[D]. 北京:中国人民解放军军事医学科学院,2003.

[13] 刘从森,胡小冬,管俊昌. 药物敏感试验方法学概述[J]. 中国病原生物学杂志,2010,5(12):951-952.

[14] 丁振若,于文彬,苏明权. 实用检验医学手册[M]. 北京:人民军医出版社,2002.

[15] 山东恒辰生物科技有限公司. 一种血培养仪恒温孵育装置:CN202121436995.8[P]. 2021-12-31.

[16] 苏州新实医疗科技有限公司. 一种血培养仪的孵育模块振荡装置:CN202021336377.1[P]. 2021-04-23.

[17] 周树华. BQ1127/15/B型旋切机人机工程设计研究[D]. 南京:南京林业大学,2007.

[18] 李新义. 基于CAN总线的多通道全自动血培养仪的研究与设计[D]. 长沙:湖南大学,2013.

[19] 全国医用临床检验实验室和体外诊断系统标准化委员会. 自动化血培养系统:YY/T 0656—2008[S]. 北京:中国标准出版社,2008.

[20] 中国合格评定国家认可委员会. 临床微生物检验程序验证指南:CNAS-GL41:2016[S]. 北京:中国合格评定国家认可委员会,2016.

参考文献

[21] 南京嘉恒仪器设备有限公司. 一种自动化血培养系统校准装置：CN201921046182. 0 [P]. 2020-07-07.

[22] 贝克顿·迪金森公司. 用于确定血培养物内的血量的系统和方法：CN200880128146. 7 [P]. 2011-02-16.

[23] 高卫勇. 传感网技术在智慧农业中的应用浅析 [J]. 南方农业, 2020, 14 (28)：3.

[24] 允汇科技（天津）有限公司. 一种针对微生物生长曲线的算法：CN201911148152. 5 [P]. 2020-04-03.

[25] 付辉, 张华. 浅谈高校新生报到中的条形码技术应用 [J]. 福建电脑, 2013, 29 (4)：131-133.

[26] 刘洋. 新生儿败血症诊断的优化和预测模型构建研究 [D]. 天津：天津医科大学, 2020.

[27] 孙定河. 卫星血培养对诊断血流感染的意义 [J]. 中华检验医学杂志, 2014, 37 (7)：559-560.

[28] 郭梅, 牟兆钦. 医学重要真菌的实验室诊断进展之一：实验室常规方法的改进和发展 [J]. 军事医学科学院院刊, 2003, 27 (2)：153-157.

[29] 深圳市艾瑞生物科技有限公司. 一种培养瓶及其制备方法及应用 CN104673662A：[P]. 2015-06-03.

[30] 周贵民, 张军民. 血培养方法研究进展 [J]. 中华医学检验杂志, 1996, 6：331-333.

[31] 徐汉成, 张秀俊, 许志强, 等. 血液细菌培养仪光学校准方法研究 [J]. 计量与测试技术, 2022, 49 (6)：6-8, 12.

[32] 周庭银, 赵虎. 临床微生物学诊断与图解：上册 [M]. 上海：上海科学技术出版社, 2012.

[33] 周庭银. 血流感染实验诊断与临床诊治 [M]. 上海：上海科学技术出版社, 2014.

[34] 陈东科, 孙长贵. 实用临床微生物学检验与图谱 [M]. 北京：人民卫生出版社, 2011.

[35] 陈轶坚, 吴菊芳. 败血症的经验治疗 [J]. 中国临床医生杂志, 2002, 30 (7)：10-12.

[36] 中国医师协会检验医师分会儿科疾病检验医学专家委员会. 儿童血培养规范化标本采集的中国专家共识 [J]. 中华检验医学杂志, 2020, 43 (5)：547-552.

[37] 杨燕, 冯震, 秦峰, 等. BACTEC FX 全自动系统用于药品无菌快速检查的评价研究 [J]. 药物分析杂志, 2021, 11：175-181.

[38] 厉高憨, 潘伟婧, 王灿, 等. CO_2 信号检测的快速微生物方法应用于细胞制品无菌检查的评估 [J]. 药物分析杂志, 2022, 42 (1)：147-155.

[39] 刘洪祥, 李娅男. 《美国药典》(42/NF37) <1071>无菌短货架期产品放行的快速微生物检查法：依据风险评估的方法 [J]. 中国药品标准, 2020, 21 (3)：195-201.

[40] 陈君哲, 邓呈亮. 干细胞治疗淋巴水肿的基础及临床应用研究进展 [J]. 中国修复重建外科杂志, 2024, 38 (1)：99-106.

[41] 文凤, 李秋. CAR-T 在消化道实体瘤治疗中的研究进展与展望 [J]. 延安大学学报（医学科学版）, 2023, 21 (4)：1-8.

[42] 腾伟, 林代华, 陈志平, 等. 2018—2019 年福建省人感染布鲁氏菌分离株种型鉴定及分子特征分析 [J]. 中国病原生物学杂志, 2021, 16 (9)：1001-1007.

[43] 张晶, 王占黎, 李星男, 等. 人类布鲁氏菌病流行病学研究进展 [J]. 中国感染控制杂志, 2023, 22 (2)：239-243.

[44] 杨兴祥, 江南, 吴佳玉, 等. 人感染猪链球菌 75 例临床分析 [J]. 中华内科杂志, 2007, 46 (9)：764-765.

［45］ 马俊清,龚自力,钟铭.人感染猪链球菌病暴发流行36例救治分析［J］.寄生虫病与感染性疾病,2006（1）：17-18.

［46］ 卢洪洲,徐和平,冯长海.医学真菌检验与图解［M］.2版.上海：上海科学技术出版社,2023.

［47］ 黄薇,张兆霞,肖盟,等.猫新型隐球菌感染病例的诊断与转归［J］.中国兽医杂志,2022,58（6）：118-120.

［48］ 林梓杰,闫中山,佘源武,等.一例猫系统性隐球菌病的诊治［J］.黑龙江畜牧兽医,2022（1）：88-91,139.

［49］ 梅里埃诊断产（上海）.BacT/ALERT 3DB.50全自动微生物培养监测系统标准操作流程（SOP）［Z］.2022.

［50］ 梅里埃诊断产品（上海）.BacT/ALERT Virtuo R3.0微生物检测系统标准化操作流程（SOP）［Z］.2022.

［51］ 中国合格评定国家认可委员会.医学实验室质量和能力认可准则在临床微生物学检验领域的应用说明：CNAS-CL02-A005：2018［S］.北京：中国合格评定国家认可委员会,2018.

［52］ 中国合格评定国家认可委员会.临床微生物检验程序验证指南：CNAS-GL028：2018［S］.北京：中国合格评定国家认可委员会,2018.

［53］ 中国合格评定国家认可委员会.医学实验室质量和能力认可准则的应用说明：CNAS-CL02-A001：2018［S］.北京：中国合格评定国家认可委员会,2021.

［54］ 中国合格评定国家认可委员会.医学实验室质量和认可准则：CNAS-CL02：2012［S］.北京：中国合格评定国家认可委员会,2012.

［55］ 中华人民共和国国家卫生健康委员会.临床实验室生物安全指南：WS/T 442—2024［S］.北京：中国标准出版社,2024.

［56］ 宫雪,王晓红,张晓丽,等.某院血流感染的快速报告流程及阳性血培养结果分析［J］.检验医学与临床,2018,15（12）：1809-1812.

［57］ 谢轶.临床微生物检验解释报告［M］.成都：四川大学出版社,2022.

［58］ 周庭银,王华梁,倪语星,等.临床微生物检验标准化操作程序［M］.上海：上海科学技术出版社,2019.

［59］ 尚红,王毓三,申子瑜,等.全国临床检验操作规程［M］.4版.北京：人民卫生出版社,2015.

［60］ 中华人民共和国国家卫生健康委员会.人间传染的病原微生物目录［Z］.2023.

［61］ 全国认证认可标准化技术委员会.合格评定各类检验机构的运作要求：GB/T 27020—2016：［S］.北京：中国标准出版社,2016.

［62］ 中国合格评定国家认可委员会.仪器验证实施指南：CNAS-GL040—2019［S］.北京：中国合格评定国家认可委员会,2019.

［63］ 全国法制计量管理计量技术委员会.通用计量术语及定义：JJF 1001—2011［S］.北京：中国质检出版社,2012.

［64］ 张建山.核查在实验室之类管理中的应用探讨［J］.福建交通科技,2013（4）：91-92,100.

［65］ 中国合格评定国家认可委员会.测量设备期间核查的方法指南：CNAS-GL042：2019：［S］.北京：中国合格评定国家认可委员会,2019.

［66］ 全国生物计量技术委员会.全自动血液细菌培养分析仪校准规范：JJF 1937—2021［S］.北京：中国标准出版社,2021.